AF731918

SCHAUSPIELE

VON

FRIEDRICH WILHELM GOTTER.

LEIPZIG

BEY GEORG JOACHIM GÖSCHEN 1795.

SCHAUSPIELE

1. DIE STOLZE VASTHI. 2. ESTHER.

3. DIE BASEN.

VORREDE.

Den ersten Anlafs zu diesen Stücken gab das Bedürfnifs eines gesellschaftlichen Theaters. Wer sie aus diesem Gesichtspunkte betrachtet, wird sich vielleicht geneigter fühlen, manche Abweichung von den strengen Vorschriften der dramatischen Kunst und manche andere Verirrung des Witzes und der Laune zu entschuldigen. Dieses gilt vorzüglich von den beyden ersten Stücken, deren Stoff mit der Art ihn einzukleiden in einem zu auffallenden Kontraste steht, als dafs sie sich mit dem Zwecke einer öffentlichen Vorstellung vereinigen liefsen. Meine Wünsche sind erfüllt, wenn ich mir schmeicheln darf, durch diese Kleinigkeiten (von denen die dritte Französischen Ursprungs ist) den Liebhabern des Theaters einen nicht unwillkommenen Beytrag zur gesellschaftlichen Unterhaltung geliefert zu haben.

Gotha im May 1795.

GOTTER.

DIE STOLZE VASTHI.

Ein Lustspiel in einem Akte.

PERSONEN.

AHASVER, König in Persien.

VASTHI, seine Gemahlin.

HAMAN, Günstling des Königs.

SERES, seine Frau und Hofmeisterin der Königin.

MEHUMAN, BIGTHA, CARBONA, } Kämmerlinge des Königs.

FATME, CYRENE, } Zofen der Königin.

Kämmerlinge.

Gefolge von Schwarzen.

Die Scene ist zu Susa.

ERSTER AUFTRITT.

Zimmer der Königin.

VASTHI. FATME. CYRENE.

Vasthi tritt in vollem Staate mit dem Mantel und der Krone auf dem Haupte ein; Cyrene und Fatme tragen ihr die Schleppe.

Vasthi

nachdem sie einige Schritte vorwärts gegangen ist.

Laſst doch die Schleppe los! — ihr seht, ich will mich setzen.

Die Zofen rücken ihr den Sessel, sie setzt sich.

Fatme.

Wie wird der König sich an eurem Glanz ergetzen!
Fürwahr, Groſsmächtigste, ihr seyd heut engelschön.

Vasthi.

Bin ichs nicht jeden Tag? Ich muſs mich selber sehn. —
Den Spiegel!

Fatme.

Zu Befehl!

Will ab.

Vasthi.

Cyrene soll ihn holen.

Cyrene ab.

ZWEYTER AUFTRITT.

VASTHI. FATME.

Vasthi.

Ist mein Billet bestellt? Du hasts doch wohl empfohlen?

Fatme.

Der Zwerg trägts hin.

Vasthi heftig.

Der Zwerg?

DRITTER AUFTRITT.

CYRENE. VORIGE.

Cyrene

kommt wieder mit einem Toilettenspiegel.

Hier Ihro Majestät!

Reicht ihn der Königin knieend dar.

Vasthi
ohne Cyrenen zu bemerken.

Den Zwerg zu schicken, der, wie eine Schnecke, geht!
Jetzt kann ich stundenlang auf Assaphs Antwort harren.
Doch warum gab ich auch den Auftrag einem Narren?

Wendet sich unwillig von Fatme weg, und besicht sich im Spiegel.

Ihr habt mich aufgestutzt, daſs es ein Greuel ist.

Cyrene.

Sie hielten gar nicht still.

Vasthi heftig.

Kein Wort! Wer sich vergiſst,
Den treffe —

Fatme vor sich.

Ach, wie gern ich mich von dannen schliche!

Cyrene vor sich.

Sie ist heut schlecht gelaunt!

Vasthi.

Ich fühle nichts als Stiche
Am ganzen Leib.

Fatme.

Das macht der böse Junius!
Dem Himmel sey's geklagt, was man jetzt leiden muſs!
Die Schnacken und —

Vasthi einfallend.

Glaubst du, an Königinnen wage
Sich Schnacke oder Floh? — Von Euch kommt meine Plage.
Nicht eine Nadel mehr wiſst ihr zu stecken.

Fatme.

Ey!
Wo stichts denn eigentlich?
Bückt sich, um am Gewande der Königin zu suchen.

Vasthi
ihr einen Backenstreich gebend.

Hier!

Fatme vor sich.

Allah, steh uns bey!

Cyrene furchtsam.

Daſs Eurer Majestät nur nicht der Ärger schade!
Darf ich was Kühlendes —? Will ab.

Vasthi.

Ja! Hurtig Limonade!
Cyrene ab.

Zu Fatme. Sieh nach dem Zwerg! schick ihm den
Läufer hinterher! Fatme ab.

VIERTER AUFTRITT.

VASTHI allein.

Ihr Götter, macht mir doch das Leben nicht zu
schwer!
Aufstehend. Ich flehe ja um nichts, als ein Paar
süfse Zeilen
Von meines Assaphs Hand, die Wolken zu zertheilen,
Die mir der Gallazwang um Stirn und Auge
webt! —
Du — dessen holdes Bild mich Tag und Nacht
umschwebt —
Du — den nach Wunsch zu sehn, des Schicksals
Zorn mich hindert —
Ja, wenn ein Wort von dir nicht meine Sehnsucht
lindert,
So wird sie Wuth — und schlägt in wilder Phantasey
Kronleuchter und Trümeaux und Vasen rings entzwey —

So will ich dieses Fest dem ganzen Hof verbittern,
So soll der König selbst vor meinem Anblick zittern.

FÜNFTER AUFTRITT.

CYRENE. FATME. VASTHI.

Cyrene kommt und bringt einen Becher auf einem Credenzteller, Vasthi nimmt ihn und kostet.

Fatme

kommt ängstlich von der andern Seite mit einem Billete.

Halb laut. Hier hab' ich ein Billet, Cyrenchen; nimm mirs ab!

Cyrene halb laut.

Wie klug!

Fatme zu Vasthi.

Hier bringt der Zwerg, was ich vorhin ihm gab!

Vasthi

den Becher wegschleudernd.

Wie? mein Billet zurück?

Fatme.

Der Prinz war schon nach Hofe.

Vasthi.

Siehst du der Dummheit Werk? — Entfleuch, du
Unglückszofe!
Fleuch, eh' mein Zorn dich trifft, und lafs dich
nimmer sehn!

Sie wirft sich gedankenvoll in den Sessel.

Fatme halb laut.

Adje, Cyrenchen!

Cyrene halb laut.

Ach! dürft' ich doch mit dir gehn!

Im Abgehn begegnet Fatme der Hofmeisterin Seres.

SECHSTER AUFTRITT.

SERES. VORIGE.

Seres
hält Fatmen am Eingange auf.

Ach, Kleine! wo denn hin? Mit leiserer Stimme.
Wie steht der Barometer?

Fatme.

Er stehe, wie er will! Mich tragen diese Breter
Zum letztenmahl.

Seres erstaunt.

Wie so?

Fatme.

Ja, Ihro Excellenz;
Zum Abschied fehlt mir nur — mit tiefer Verneigung
Ihr gnädiger Consens.

Dreht sich schnell herum, und geht ab.

Seres

nachdem sie Cyrenen ihre Verwunderung durch Pantomime zu erkennen gegeben und diese ihr durch ein Achselzücken geantwortet hat, nähert sich der Vasthi und kniet vor ihr.

Huldreiche Königin! O, möcht' es dir gefallen,
Der unterthänigsten von deinen Mägden allen,
Die deiner Schleppe Saum fufsfällig küssen thut,
In Gnaden zu vertraun, wie du die Nacht geruht?

Vasthi zu Cyrenen.

Antworte

Cyrene.

Wie ein Kind, so süfs!

Vasthi.

Verwegne Lüge!
Kein Auge that ich zu.

Cyrene geht verstohlen ab.

SIEBENTER AUFTRITT.

VASTHI. SERES.

Seres.

Drum sind auch eure Züge
Fast mehr als jemahls sanft und schmachtend.

Vasthi freundlicher.

Dünk' ich euch
Erträglich? — Steht doch auf!

Seres.

Mein Leben wett' ich gleich,
Daſs keine Sterbliche in Ahasveros Reiche
An Reitz und Lieblichkeit der schönen Vasthi gleiche.

Vasthi.

Ihr seyd doch wohl?

Seres.

Ach nein! — Bald setzt mein Krampf mir zu,
Bald meine Gicht — und dann noch ein Paar neue Schuh —
Ach, die mich nahmenlos am Hühnerauge drücken! —
Was ist zu thun? man muſs in seinen Rang sich schicken. —

Zum grofsen Tag statt' ich den tiefsten Glückwunsch ab;
Lang lebe der Monarch, den er der Erde gab!

Vasthi.

O, wüfstet ihr, wie sehr die Galla mich geniret!
Ich hab' ein neu Kameel; ich hätt' es gern probiret!

Seres.

Ja, meine Königin — ich weifs es längst — beweist
Heroischen Geschmack und männlich grofsen Geist
In allem, was sie liebt. — Allein Aufopferungen
Hat sich von Fürsten stets das Schicksal ausbedungen.

Nach einer Pause.

Man sagt, nichts kommt an Glanz der Jagd von gestern bey;
Und Vasthi heifst hinfort — Diana.

Vasthi.

Schmeicheley!
Ich hatte ziemlich Glück. Mit meiner Türkenbüchse
Erlegt' ich sieben Reh', acht Eber und zwölf Füchse.

Seres.

Mit eigner hoher Hand? O, wahre Heldenthat,
Von der kein Beyspiel noch die Reichsgeschichte hat!

Vasthi.

Beym nächsten Maskenball will ich Dianen machen.

Seres.

Und den Endymion? — Prinz Assaph?

Vasthi.

Ich muſs lachen.
Wie kommt ihr just auf den?

Seres.

Ist er nicht hübsch genug —
Und euer Kämmerling?

Vasthi.

Und Ihr — ihr helft den Zug
Doch zieren?

Seres lachend.

Ich? Haha! Ich? auf was Art?

Vasthi.

Als Nymphe.

Seres.

Daſs meine Korpulenz das ganze Chor beschimpfe?

Vasthi.

Ach, als Calistho gehts. Ihr wifst, dafs ihr Gewand
Sich eines Tages auch nicht im Costum befand;
Das arme kleine Ding gab alle Schuld dem Schneider.
Allein! der wahre Grund entschleyerte sich leider.

ACHTER AUFTRITT.

CYRENE. VORIGE.

Cyrene.

Es fleht ein Kämmerling des Königs um Gehör.

Vasthi verwundert.

Und Assaph zeigt sich nicht? — Was führt den Gecken her?

Cyrene.

Er hat den Auftrag, euch zur Tafel einzuladen.

Seres
zu Cyrene feyerlich.

Wohl! — Ihro Majestät erwarten sein in Gnaden.
Cyrene ab.

Die Königin senkt den Schleyer und setzt sich; Seres steht ihr zur Linken.

NEUNTER AUFTRITT.

MEHUMAN. VASTHI. SERES.

Mehuman
mit vielem Prunk in Ton und Wesen.

Erhabne Königin! Das Gastmahl ist bereit.
Mild, wie die Sonne, strahlt des Königs Herrlichkeit;
Aus Urnen von Krystall springt Wein in goldne Becken;
Auf Schüsseln von Rubin, die hundert Tafeln decken,
Stehn alle Leckereyn des Orients gehäuft —
Dafs jedem Cavalier der Mund voll Wasser läuft.
Des Thrones Himmel schwimmt in einer Weihrauchwolke;
Und der Trompetenschall wird überjauchzt vom Volke;
Nur Eins fehlt noch; Volk, Hof und König — alles harrt
Mit banger Ungeduld auf Vasthi's Gegenwart.

Vasthi.

Wo ist mein Kämmerling?

Mehuman.

Er hat den Dienst beym König.

Vasthi.

Prinz Assaph?

Mehuman.

Eben der.

Vasthi.

Sind eurer denn so wenig,
Daſs man der Königin den nimmt, der ihr gehört?

Mehuman.

Ich bin vom Vorwitz fern, der Weise selbst bethört.
Was meines Amts nicht ist, laſs' ich gern unergründet.
Doch wenn der König mich der Sendung würdig findet,
Hat ein Bedenken Statt?

Vasthi.

Wurm, den ein Drache spie;
Wurm, dem ein Strahl vom Thron ein kurzes Daseyn lieh;
Wurm, den mein Fuſs zertritt! — Entkrieche meinen Blicken!
Man soll zum Führer mir den Prinzen Assaph schicken.

Mehuman geht bestürzt ab.

ZEHNTER AUFTRITT.

VASTHI. SERES.

Vasthi.

Nun, Frau Hofmeisterin? ist das wohl auszustehn?

Seres.

Es ist des Marschalls Schuld.

Vasthi.

Und ihr lafst Alles gehn?
Wer zu dem Unfug schweigt, dem spielt man auf der Nase.
Hätt' ich die Alte noch! — ha! die sprach mit Emphase;
Und hatte einen Ton, der Mark und Bein durchdrang!
Die hielt auf meinen Ruhm; die hielt auf ihren Rang!
Hoch von dem Marschall an, bis tief zum Küchenjungen,
Hat ihr Amtseifer oft den ganzen Hof verschlungen.
Durch sie gelang es mir — so sehr die Männer schrien —
Mich dem verhafsten Joch des Hüters zu entziehn.
Durch sie gelang es mir — so sehr die Weiber heulten,
Die ihres Königs Gunst mit einer Vasthi theilten —

Von jeglichem Idol den Harem zu befreyn,
Und meiner Gottheit nur zum Tempel einzuweihn.
Durch sie darf mich sogar, bey seltnen Festlichkeiten,
Ein eigner Kämmerling verhüllt am Arme leiten.
Das war ein Weib! — Ihr schreckt im Schlosse keine Maus.

Seres.

Wohlan! noch heute setzt sich eure Magd heraus,
Um gegen jedermann, der euch und euren Rechten
Zu nahe treten will, mit Löwenmuth zu fechten —
Doch wenn der Pflichten Drang mich in die Ecke zwingt;
Wenn mit der Dankbarkeit die Unterwerfung ringt;
Wenn einen hohen Wink ein höherer durchkreuzet;
O, dann verzeiht es mir, daſs sich mein Eifer spreitzet,
Und seine Zuflucht scheu zu träger Ruhe nimmt,
Die besser ohne dieſs mit meiner Schwachheit stimmt!

Vasthi.

Das heiſst, Frau Seres hangt den Mantel nach dem Winde.

Seres.

Behüte Lama mich vor dieser schweren Sünde!
Doch —

Vasthi.

Geht nur, geht; ihr seyd so fest an mich geknüpft,
Daſs, wenn ein Blitz mich trifft, ihr schwerlich ihm entschlüpft.

Seres.

Schön ruht sichs zwar, bedeckt von glänzenden Ruinen;
Doch ewig muſs der Baum, der mich beschattet, grünen.

Bigtha tritt ein, und bleibt im Hintergrunde stehen.

EILFTER AUFTRITT.

BIGTHA. VORIGE.

Vasthi.

Laſs gleich sehn, wie dein Muth den Schranzen dort empfängt,
Der sich in mein Gemach unangemeldet drängt!

Seres.

Sogleich.

Macht eine Bewegung zum Niesen.

Vasthi spöttisch.

Ha! sinn' erst nach! Versilbre fein die Pille!

Seres

in voriger Bewegung.

Nein, standhaft ihm den Text zu lesen, ist mein Wille.
Doch seht nur — wie so nah — ich just am Niesen bin.

Bigtha

näher tretend, nach einer tiefen Verbeugung, mit pedantischer Gravität.

Dafs Ihro Majestät, die Königin, vorhin
Den Ruf der Tafel nicht willfahrten, und dem Boten
Des Königs unverdient mit harten Worten drohten;
Und welchen Führer laut sich Dero Mund erkohr —
Trug Seiner Majestät der Bote schuldigst vor.
Ungerne liefsen sichs Dieselben referiren;
Doch wollen Sie voll Huld den Vorfall ignoriren,
Wofern die Königin den harten Mifsverstand
Privatim hier bereun, und der devoten Hand
Von meiner Wenigkeit alsbald den Vorzug geben.
Da nun mein Glück und Ruhm an diesem Auftrag kleben,
So bitt' ich, schickt mich nicht, wie jenen, in April.

Seres niest überlaut, Bigtha grüfst sie, sie bedankt sich.

Vasthi.

Nun? habt ihr ausgeniest? Fragt, was der Schwätzer will!

Seres
sich in die Brust werfend und den Arm in die Seite stämmend.

Was willst du?

Bigtha noch näher tretend.

Meinen Arm der schönen Vasthi reichen.

Seres.

Freund, ein so stolzes Amt kommt nicht an deines Gleichen.
Uns ziemt ein Kämmerling aus königlichem Blut.
Und der Monarch zeigt sich in Allem groſs und gut.

Bigtha.

Madam, ihr faselt.

Seres heftig.

Was? — Danks dem geweihten Platze,
Verwegner, daſs ich dir die Larve nicht zerkratze! —
Sich fassend und stolz.
Doch nein — für meinen Stolz, Sklav, bist du zu gering.
Verlaſs' uns! wir bestehn auf unserm Kämmerling!

Bigtha ab.

ZWÖLFTER AUFTRITT.

VASTHI. SERES.

Seres.

Nun? hab' ichs recht gemacht?

Vasthi.

Ja, nur so fortgefahren!
Hilf mir der armen Fraun gekränkte Rechte wahren! —
Das leidende Geschlecht, das lang' im Orient
Der Männer Eigensinn für sein Gesetz erkennt,
Es schau' hinfort auf mich, und höre mich, und merke
Den goldnen Sittenspruch: Weib, brauche deine Stärke!
Weichst du der Schöpfung Herrn ein Paar Mahl keinen Schritt,
So spielst du ihm zuletzt, wie einer Puppe, mit! —
Der neuen Hausmoral wirds nicht an Beyfall fehlen;
Und treulich wird der Welt die Chronika erzählen:
Die stolze Vasthi brach zuerst ihr Joch entzwey,
Und ihrer Königin stand Seres tapfer bey.

DREYZEHNTER AUFTRITT.

CARBONA. VORIGE.

Carbona
mit äufserster Demuth im Ton und Wesen.

Des Königs Majestät geruhn sich zu entrüsten;
Sie können länger nicht des Mahles Anfang fristen;
Sie hungern gar zu sehr; auch wird das Essen kalt.

Vasthi.

Man wärm' es.

Carbona.

Königin, ich fleh', entschliefst euch
bald!

Vasthi.

Sobald Prinz Assaph kommt.

Carbona
mit einem mitleidigen Achselzücken.

Er ist verschickt.

Vasthi.

Schikane!

Carbona bedeutend.

Nicht anders; der Monarch hat ihm geheime Plane
Vertraut —

Vasthi erschrocken, vor sich.

Ach! und vielleicht, daſs er nicht plaudern kann,
Den Hals ihm zugeschnürt? — der Unhold! der Tyrann! —
Laut. Ich komme nicht zu Tisch; ich speis' auf meinem Zimmer;
Geht, sorgt für mein Gedeck!

Carbona.

Bey eurer Reitze Schimmer
Beschwör' ich euch; bedenkt, es ist ein Gallatag!
Des Königs Wiegenfest! Ob sich das schicken mag?

Vasthi.

Was seyn soll, schickt sich wohl.

Carbona.

Bedenkt —

Vasthi.

Ich mag nichts hören.

Carbona.

Wohlan, so zwingt ihr mich, ins Wespennest zu stören.
Dünkt neben Assaphs Hand euch gleich die meine harsch —
Faſst an! — gehorcht Madam! — Links um zur Tafel! marsch!

Vasthi
ihre Hand zurück ziehend.

Hund! Lauf zu deinem Herrn! Sprich, er soll selber kommen,
Wenn er mich haben will!

Carbona staunend.

Hab' ich auch recht vernommen?
ab.

VIERZEHNTER AUFTRITT.

VASTHI. SERES. Nachher CYRENE.

Seres.

Ach, beste Königin, ihr treibt das Spiel zu weit.
Ich zittre, wie ein Laub.

Vasthi.

Ihr zittert vor der Zeit.
Ich setz' es heute durch, es biege, oder breche.
Ein kluges Weib, wie ich, kennt ihres Mannes Schwäche.
Er liebt mich.

Seres.

Folgt mir! pocht auf diese Liebe nicht!
Zu Wasser geht der Krug so lange, bis er bricht.
Unmöglich steckt den Schimpf der König in die Tasche.
Kommt, daſs ihn eure Reu' vor Thorschluſs überrasche!

Vasthi.

O, schweigt! Ihr seht das Ding durch eurer Einfalt Flor,
Ihr stellt den König euch, wie euern Haman, vor,
Und glaubt, daſs Feigheit auch für meine Lage tauge.
Nein! Vasthi'n drücket man den Daumen nicht aufs Auge.

Cyrene
eilig und erschrocken.

Der König nähert sich mit seinem ganzen Staat —

Vasthi stolz.

Abbitte der zu thun, die er beleidigt hat.

Cyrene ab.

Vasthi wirft sich in den Sessel, und thut, als ob sie schliefe.

FUNFZEHNTER AUFTRITT.

AHASVER. HAMAN. MEHUMAN. BIGTHA.
CARBONA. GEFOLGE. VORIGE.

Ahasver im Eintreten.

Wo ist das Weib?

Vasthi im Sessel.

Wer wagt im Schlummer mich zu stören? —
Ah, Sire — Sie sinds selbst?— Sie kommen selbst, zu hören,
Wie es mir Armen geht? Mit tief gefühltem Dank
Erkenn' ich Ihre Huld — ich bin zum Sterben krank.

Ahasver.

Entferne dich!

Vasthi befremdet.

Wer? ich?

Ahasver
sich gegen Seres wendend.

War t ihr mit ihr verstanden?
Gingt ihr der Frevlerin mit klugem Rath an Handen?

Seres.

Ach, Ihro Majestät, am Hofe räth sichs schlecht.
Man folget seinem Kopf und man hat immer Recht.
ab.

Vasthi
aufstehend und ihr nachrufend.

Bleib! Ich begreife nicht, warum wir weichen sollen.
Wer uns nicht sehen will, mag sich von hinnen trollen.

Ahasver.

Weib! Weib! erschöpfe nicht mein Restchen von Geduld!
Hier! bitte knieend ab!

Vasthi.

Ich weiſs von keiner Schuld.

Ahasver.

Entbot dich mein Befehl nicht dreymahl?

Vasthi.

Wie Sie sagen.

Ahasver.

Und du erfrechtest dich —

Vasthi.

Es dreymahl abzuschlagen.

Ahasver.

Sprich, warum kamst du nicht?

Vasthi.

Weil es mir nicht gefiel.

Ahasver.

Verstockte! fragst du nichts nach meinem Zorn?

Vasthi.

Nicht viel.

Ahasver zum Gefolge.

Ergreift die Rasende!

Die Schwarzen nähern sich der Königin.

Vasthi

zieht einen Dolch aus dem Gürtel.

Zurück! Ihr seyd verloren!
Wer mir ein Haar nur krümmt, den soll der Stahl
durchbohren. ab.

SECHZEHNTER AUFTRITT.

VORIGE
ohne Vasthi und Seres.

Mehuman vor sich.

Entsetzlich!

Bigtha vor sich.

Unerhört!

Carbona vor sich.

Mein ganzes Blut erstarrt.

Haman vor sich.

So arg hat keine Frau noch ihren Mann genarrt!

Ahasver
setzt sich in den Sessel; die Grofsen treten um ihn herum; Haman steht allein zur Rechten.

Ihr Stützen meines Throns! Mannbare, Hochgelahrte,
Getreue! Streiche sich ein jeder an dem Barte,
Und sinne reiflich nach! Vor allen, Haman, du! —
Für deine Hälfte zwar drück' ich ein Auge zu;
Doch für die Königin verlang' ich keine Schonung.
Versetzet euch vom Schlofs in eine Bürgerwohnung!
Beleidigt ist in mir das stärkere Geschlecht.
Was thut dem stolzen Weib, was thut man ihm für Recht?

Mehuman vor sich.

Nein! schneller, als das Glück, kann sich kein Preufse schwenken.
Jetzt ist die Reih' an mir — den Wurm ihr einzutränken.

Carbona vor sich.

Gebt Acht, Madam! der Hund — jetzt beifst er euch ins Bein!

Bigtha.

Wie gern brockt' ich auch was der alten Seres ein!

Haman.

Unüberwindlicher, glorreicher, grofser König!
Mit Rath dir beyzustehn, ist Haman zwar zu wenig;
Doch höre nachsichtsvoll, was er in Einfalt denkt!
Durch Vasthi's Übermuth im Innersten gekränkt,
Sehnt dein Monarchenherz sich nach gerechter Rache.
Ja, deine Sache, Fürst, ist aller Männer Sache.
Steckt unsre Königin verwegen das Panier
Des Ungehorsams auf; und übersiehst du's ihr —
So wird der Aufruhr bald vom Thron zur Hütte steigen,
Und Zucht und Sittsamkeit aus deinen Staaten weichen;

So bringst du dich und uns um Ansehn und Gewicht,
Und lieferst Stoff zu mehr als Einem Sinngedicht. —
„Steht der Groſsmächtigste selbst unter dem Pantoffel,
Spricht eine Krämersfrau, was will mein Mann der Stoffel?
Noch heute hab' ich ihm zum Hännschen kurz und lang." —
Versteht der Mann nicht Spaſs, so giebt es Sturm und Drang —
Ja, blutge Köpfe giebts. Der Königin Exempel
Zerstört des Hausrechts Grund; entweiht der Ordnung Tempel,
Vom stolzen Euphrat an, bis hin ans rothe Meer;
Und über ihren Mann macht jede Frau sich her. —
Drum ist mein Rath, obgleich die Zunge mir vor Jammer
Den Dienst versagt — du sperrst alsbald ihr deine Kammer;
Und schickst, kraft Recht und Macht, ihr einen Scheidebrief. —
Gesprochen hats dein Knecht, und schweigt, und bückt sich tief.

Ahasver giebt Mehuman ein Zeichen zu reden.

Mehuman.

Satt rügte Haman zwar in zierlichen Sentenzen
Den Trotz der Königin und seine Consequenzen.

Nur, däucht mir, ist der Fall noch nicht ins Licht
gestellt,
Ob nicht zum Trotze sich ein Hochverrath gesellt.
Prinz Ass —

Ahasver
ihm mit drohendem Blicke in die Rede fallend.

Enthalte dich der ungefrágten Dinge! —
Merkts euch, ihr Übrigen, und bleibet bey der
Klinge!

Mehuman.

Wohl! ohne Seitenhieb und kühne Sticheley,
Tret' ich ganz klar und pur dem weisen Haman bey.

Ahasver zu Bigtha.

Und du?

Bigtha.

Wie Haman.

Carbona.

Auch mir nahm ers aus dem Munde.

Noch einer.

Wie er!

Noch einer.

Wie Haman, Herr, brummts durch die
ganze Runde.

Ahasver steht auf.

Wohlan denn! Weil kein Mensch für die Verwegne spricht,
Bestätige mein Mund das schwere Strafgericht! —

Er hebt seine rechte Hand auf, und Alles fällt auf die Kniee.

Wir Ahasver, Monarch der Perser und der Meden,
Aegypter, Syrier, Kalmucken, Samojeden —
Verstofsen feyerlichst die weyland Königin,
Frau Vasthi, unser Weib. — Sie geh' zum Henker hin!
Wo nicht, so wandle sie reumüthig in ein Kloster,
Und singe Horas ab, und bete Paternoster! —

Giebt das Zeichen wieder aufzustehen.

Die Weiber warn' ihr Fall von Susa bis nach Wien,
Dafs sie stets gegen uns beym Trotz den Kürzern ziehn.

Zu Haman mit leiserer Stimme, indem er ihn bey der Hand nimmt.

Der List nur, wie man sagt, glückts in gewissen Reichen,
Durch Thränen und Vapeurs die Herrschaft zu erschleichen.

E S T H E R.

Ein Schauspiel in sechs Akten.

PERSONEN.

AHASVER, König in Persien.

ESTHER, eine Jüdin.

MARDOCHAI, ihr Oheim.

HAMAN, Günstling des Königs.

SERES, seine Frau, Exhofmeisterin der verstoſsenen Königin Vasthi.

MEHUMAN, CARBONA, } Kämmerlinge des Königs.

BELSATZAR, Astrolog.

HIPPOCRATES, Leibarzt.

HEGAI, gewesener Weiberhüter.

HASSAD, Vorleser.

CLORINDE, DELILA, BATSEBA, JUDITH, FATME, SELMA, } Jungfrauen.

OSMIN, Hamans Hausverwalter.

Gefolge.

Die Scene ist zu Susa.

ERSTER AKT.

ERSTER AUFTRITT.

Zimmer des Königs.

AHASVER. HAMAN.

Ahasver.

Ja, Freund, allmählich fällt im königlichen Bette
Die Sehnsucht mir zu schwer. Leer ist noch Vasthi's Stätte;
Und täglich neu erwacht ihr Bild in meiner Brust.
Ihr Fehler war der Stolz; und ihres Herzens Lust —
Die Oberherrschaft.

Haman.

Ja, das haben wir empfunden.

Ahasver.

Doch dafür hatte sie auch in den Schäferstunden
Nicht ihres Gleichen!

Haman.

Ja, Prinz Assaph hat mirs auch
Gerühmt —

Ahasver einfallend.

Das Lügenmaul! Er ward nach altem Brauch
Im Stillen strangulirt, und wird sich nichts mehr rühmen.
Doch Vasthi — Seufzt tief.

Haman.

Du vergifst, daſs Seufzer dir nicht ziemen,
Der du nur winken darfst, um Mädchen, jung und schön
Wie Houris, schmachtend dir entgegen fliehn zu sehn. —
Das Schnupftuch, das du jetzt mit eiteln Zähren tränkest,
Wirfs der Beglückten zu, der du den Vorzug schenkest!
Versammelt stehn sie schon im nächsten Vorgemach. —
Sprich! — Darf sie meine Frau dir präsentiren?

Ahasver.

Ach!
Unschlüssig. Sogleich? — Nun ja — ich will —

Haman freudig.

Du willst?

Ahasver.

Es noch verschieben.

Haman.

Die Zeit ist edel, Herr!

Ahasver.

Wie viel sind ihrer?

Haman.

Sieben.

Ahasver bestürzt.

Das schreckt vom Loos mich ab. Zu heilig ist die Zahl!

Haman.

Nimm alle sieben, Herr, so sparst du dir die Wahl!

Ahasver erstaunt.

Wie?

Haman.

König Salomo nahm ihrer gegen Tausend
Zu seinem Zeitvertreib.

Ahasver.

Mein Blut ist minder brausend,
Genügsamer mein Herz. Auch trieb die Frau vom Haus
Längst schon aus Erbarkeit den Flattergeist mir aus.

Haman spöttisch.

Aus Erbarkeit? — Ja, ja! sie liebte Zucht und Frieden.
Die Weiber, die, durch sie verbannt, vom Harem schieden,
Die preisen Vasthi's Lob noch jetzt in ihrem Stift. —
Doch was den Hochgeschmack der Wechselung betrifft,
Der kehret leicht zurück. Oft macht das Kosten lüstern.
Horcht, wie sie alle jetzt voll banger Sehnsucht flüstern! —
Mit Gunst! ich lasse sie zur Heerschau nur herein.
Diefs kurze Zwischenspiel wird euern Gram zerstreun.

Er geht an die Thür.

Frau Seres! Der Monarch verlangt nach deiner Herde.

ZWEYTER AUFTRITT.

SERES tritt mit sieben verschleyerten JUNGFRAUEN ein.

Seres

fällt auf die Kniee.

Der Sonnen Ebenbild! Despot der halben Erde!

Der König hebt sie auf; sie zeigt auf die Jungfrauen.

Mit schönern Blumen prangt dein Garten nicht im Lenz;
Dir blühen sie! Zu den Jungfrauen. Gebt Acht! Sie hebt den Arm taktmäſsig in die Höhe.
Macht euren Reverenz!

Die Jungfrauen fallen in Einem Tempo auf die Kniee.

Ahasver.

Ein reitzendes Parterr! O, wär' ich lauter Auge! —
Doch weil ich sie so schnell zu übersehn nicht tauge,
So tretet sämmtlich ab — und einzeln kommt zurück!

Seres mit den Jungfrauen ab.

Haman vor sich.

Auch ich bin wohl zu viel in diesem Augenblick.

ab.

DRITTER AUFTRITT.

CLORINDE. AHASVER.

Ahasver.

Bist du die gröſste?

Clorinde.

Ja.

Ahasver.

Wie heiſsest du?

Clorinde.

Clorinde.

Ahasver sie musternd.

Mund! — Teint! — Haar! Alles schön! — Wohl! wenn ich keine finde,
Die besser mir gefällt, so ist das Schnupftuch dein. —
Du bist die Gröſste — laſs die Kleinste mir herein!

Clorinde ab.

VIERTER AUFTRITT.

DELILA. AHASVER.

Delila.

Ich heifse Delila — mein Vater ist ein Jäger;
Acht Schwestern hab' ich noch und eben so viel Schwäger;
Ich hütete getrost die Schafe —

Ahasver.

Sehr naif!

Delila.

Und brummte just ein Lied, als mich dein Bote rief.

Ahasver.

Geh, kleine Delila, zurück zu deinen Schafen!
Und sollt' ein Simson einst in deinem Schoose schlafen,
So schon' ihm die Frisur! — Hier! kaufe dir Konfekt!

Er wirft ihr einen Beutel hin.

Delila
indem sie den Beutel aufhebt.

Darf ichs auch nehmen, Herr? Erlaubt es der Respekt?

Ahasver verdriefslich.

Geh nur!

Delila
hebt den Beutel freudig auf.

Ihr Schwestern, hörts! Ich soll Konfekt mir kaufen!
Sie klingelt mit dem Beutel und geht ab.

Ahasver ihr nachsehend.

Am klügsten wärs vielleicht, ich liefs' euch Alle laufen.

FÜNFTER AUFTRITT.

BATSEBA. AHASVER.

Batseba.

Wie wollt' ich lachen, Herr, fiel' eure Wahl auf mich!

Ahasver.

Nichts kauf' ich unbesehn. Nenn' und entschleyre dich!

Batseba.

Mein Nahm' ist Batseba.

Ahasver.

Ein ominöser Nahme! —
Ganz recht — jetzt fällts mir ein — so hiefs die saubre Dame,

Die einst in Davids Park sich badete bey Tag,
Als er auf dem Altan mit der Lorgnette lag. —
Du bist zwar frisch und schlank, und lecker anzuschauen —
Doch einer Batseba — der könnt' ich niemahls trauen.

Batseba.

Du dauerst mich, Monarch. Es fehlt dir an Geschmack!
Vor sich. Hum! das ist dumm! Ich dacht', ich hätt' ihn schon im Sack. ab.

SECHSTER AUFTRITT.

JUDITH. AHASVER.

Ahasver
will sie entschleyern, sie hält den Schleyer fest.

Die eine war zu zahm — die andre scheint zu spröde.
Sag an! wie heifsest du? — Nun? giebst du keine Rede?
Giebst lieber einen Kufs?
Er will sie umarmen.

Judith ihn zurück stofsend.

Fort! eh dich Judith küfst,
Eh herzet sie den Tod!

Ahasver spöttisch.

Sey, Heldin, mir gegrüſst!
Ihr Judiths, wie mir däucht, ihr seyd all' Amazonen.
Geh, mit dir mag ich nicht in Einem Zelte wohnen,
Geh, spare deinen Kuſs für deinen Holofern!

Judith schnell.

Nein! Levi heiſst mein Schatz.

Ahasver launig.

Ich weiche Levi'n gern.

Judith ab.

Freund Haman, das geht schief; wir treffen nicht zusammen.
Du dachtest nur darauf, die Sinne zu entflammen;
Mein Herz vergaſsest du; auf seinen Richterspruch
Kommt hier doch Alles an.

Esther tritt ein, er wird sie gewahr.

Nun wohl! noch Ein Versuch!

SIEBENTER AUFTRITT.

ESTHER. AHASVER.

Sie bleibt niedergeschlagen am Eingange stehn.

Ahasver
sie flüchtig anblickend.

Dein Nahme?

Esther.

Esther.

Ahasver.

Komm doch näher! — So bescheiden!
So sanft! Sie trocknet sich eine Thräne ab. Du weinst?
Warum?

Esther.

Mich trafen frühe Leiden.

Ahasver etwas aufmerksamer.

Blick auf! — Es lächeln dir die Götter Hoffnung zu.

Esther.

In meiner Eltern Grab erwartet mich die Ruh.

Ahasver

hebt ihr den Schleyer, staunt, sieht sie starr an, und geht vom Erstaunen zum Entzücken über.

Beym Himmel! Sie ist schön! — schön! — schön! —
Du heifsest?

Esther.

Esther.

Ahasver
sich leicht an die Stirn schlagend.

Eh dich mein Auge sah, war mein Gedächtniſs fester.
Jetzt däucht mir, daſs ich kaum noch meinen Nahmen weiſs.

Sie mit Unruhe betrachtend.

Nun, holdes Esterchen? — du bleibest kalt, wie Eis. —
Sehnt sich dein Herz nach nichts?

Esther.

Nach meiner stillen Hütte.
Schickt mich dahin zurück!

Ahasver lebhaft.

Zu spät kommt deine Bitte. —

Nach einer Pause.

Wer zog dich auf?

Esther.

Ein Freund — ein guter alter Mann!
Er sucht mich — ach, vergönnt, daſs ich ihn trösten kann! Will ab!

Ahasver
sie bey der Hand nehmend.

Komm, Unschuld! laſs mich erst dich recht ins Auge fassen!

Esther
die Hand zurück ziehend.

Entlaſst mich! hört mein Flehn!

Ahasver
mit allem Feuer der Liebe.

Entlassen? Dich entlassen?
Mein Leben lieſs' ich eh! —

Esther
leise und beschämt.

Ach, Herr, ihr spottet mein.

Ahasver
seine Arme öffnend.

Nein, komm an meine Brust — mein ganzes Herz ist dein!

Esther
mit einem Schrey des Schreckens.

O, Gott!

Ahasver
den Arm um sie schlingend.

Ergieb dich mir!

Esther sich los machend.

Erbarmen! Laſst mich fliehen!

Will ab.

Ahasver
sie gewaltsam zurück haltend.

Grausame!

Esther
sich ängstlich sträubend.

Tödtet mich!

Ahasver.

Wohlan! so sieh mich knieen!
Vor deiner Schönheit sinkt des Purpurs Eitelkeit;
Vor deiner Unschuld schweigt der Wünsche Lüsternheit. —
Durch deine freye Wahl sey dein Geschick entschieden! —
Hier Hoheit und mein Herz! — Dort Niedrigkeit und Frieden! —

Steht auf.

Erwähle! prüfe dich! — Du schweigst? — was wählest du?

Esther
blickt ihn an und seufzt.

Ahasver
mit Enthusiasmus.

Mit diesem Seufzer flog dein Herz dem meinen zu.
Empfange meine Hand! empfange Vasthi's Krone!
Der Tugend werde sie auf deinem Haupt zum Lohne!

Gegen die Scene rufend.

Mein Haman komm zurück!

ACHTER AUFTRITT.

HAMAN. VORIGE.

Ahasver.

Ruf alles in den Saal!

NEUNTER AUFTRITT.

SERES mit den JUNGFRAUEN. MEHUMAN. HEGAI. KÄMMERLINGE. VORIGE.

Ahasver.

Grüfst eure Königin, und segnet meine Wahl!

Alles fällt auf die Kniee, und ruft:

Heil unsrer Königin!

Hegai

tritt demüthig vor den König.

Grofsmächtigster Gebieter!
Längst schreyt schon Ach und Weh dein weiland Weiberhüter,
Dafs jedermann am Hof ihm kühn ins Handwerk streift,
Und nach dem Stückchen Brod mit Räuberhänden greift. —
Wer meinem Ansehn einst ein banges Garaus machte;

Wer eigenmächtig mich um Dienst und Sporteln brachte —
Vor Gram verblich mein Haar, verschrumpfte mir der Bauch —
Wer', sag' ich, ungescheut den alten, weisen Brauch
Des weiten Orients aus deinem Schloſs verbannte;
Und selbst ein Weib — ein Weib zum Wächter sich ernannte;
Das weiſst du, Herr; und weiſst daſs nicht Ein gutes Haar
An der Exkönigin, der stolzen Vasthi war.
Drum, hoff' ich, wirst du auch die schwerste ihrer Schulden,
Den Miſsbrauch meines Amts nicht mehr am Hofe dulden;
Wirst deines Harems Zucht und Erbarkeit erneun;
Wirst meine Feinde, wie der Wind die Spreu, zerstreun;
Und deinen alten Knecht, trotz ihrem Widerbellen,
Dem ganzen schönen Chor zum Vogte neu bestellen.

Ahasver.

Mit nichten! — Esther bleibt nur meinem Schutz geweiht;
Kein Argus hüte sie, als meine Zärtlichkeit.
Doch weil oft Schüchternheit in Weiberseelen waltet,

Und einer Freundin nur ihr Herz sich frey entfaltet;
Soll Seres — die ich einst untadelhaft erfand,
Als sich ihr Fuſs geschickt durch Labyrinthe wand —
Die junge Königin bey den Verlegenheiten,
Die leicht am Hof entstehn, mit treuem Rathe leiten.

Seres

der Königin den Rock küssend.

Der Unschuld leiser Takt bedarf des Führers nicht.
Vertrauen sey mein Lohn, Anbetung meine Pflicht.

Hegai.

Herr! — und die Übrigen?

Ahasver.

Sie prächtig auszustatten,
Heischt mein Befehl von dir; dann finden sie wohl Gatten.
Für mich ist jetzt kein Weib, als Esther, auf der Welt.

Haman

seitwärts zu Hegai.

Ach, hebe sie ihm auf! man weiſs oft nicht wies fällt.

Hegai.

Folgt mir, ihr Jüngferchen!

Ab mit den Jungfrauen.

Ahasver zum Gefolge.

Bestellt die Hochzeitfeyer!
Drey Monden daure sie! Verfeinerter und neuer
Erscheine jeden Tag des Marschalls Schöpfergeist
In Allem, was mit Lust so Leib als Seele speist.
Herbey zu meinem Thron soll, um mein Glück zu theilen,
Der Fürsten stolze Schaar von allen Grenzen eilen!
Und segensreich und schnell, gleich einem Sonnenstrahl,
Verbreite sich durchs Reich die Botschaft meiner Wahl! —
Du aber, Haman, sey der erste Mann im Reiche,
Dem keiner an Gewalt und Rang und Ansehn gleiche!
Die Wache geh' vor dir, wie vor mir, ins Gewehr,
Und wo du dich nur zeigst, knie' Alles um dich her!
Unendlich ist der Dank, der dir, o! Freund gebühret;
Du hast mein Estherchen, du hast mirs ausgespüret.

Esther.

O, Seres, stütze mich!

Ahasver.

Was ist dir, holde Braut?

Seres.

Sie bebt; mit kaltem Schweiſs ist ihre Stirn bethaut.
Vergönnt mir, Sire, sie auf ihr Gemach zu bringen!
Zu lange muſste sie im Innersten sich zwingen.
Erstaunen, Schrecken, Scham und Freude mahlten
sich
In ihrem schönen Blick — bis ihre Wang' erblich.

Sie führt Esthern ab.

Ahasver.

Geh, pflege, stärke sie, beweis' ihr Muttertreue,
Daſs bald mit neuem Glanz ihr Anblick mich erfreue!

Ahasver geht ab; ein Theil des Hofes geht voran,
ein Theil hinterher.

Mehuman

zieht ein Paar Höflinge geheimniſsvoll auf die Seite.

Ich hoffe doch, ihr Herrn, daſs, wie sichs reimt
und klappt,
Bey der Solennität ein jeder was erschnappt;
Doch wie die Cabala dieſs Alles auspunktiret,
Wird bey der Trauung erst herkömmlich prokla-
miret. —
Drey Monden währt das Fest? — da steht dem
Götterchor

Der Tafel und des Weins manch Opferchen bevor!
Drey Monden! — ach, da wird manch Gallakleid verrosten!
Hilf Plutus und Merkur! was wird uns das nicht kosten!

Ab mit den Übrigen.

ZEHNTER AUFTRITT.

Esthers Zimmer mit einem offnen Vorzimmer. Einige Zofen sind in voller Beschäftigung; die eine schwenkt ein dampfendes Rauchfafs von Silber; die andere sprengt wohlriechendes Wasser aus einem silbernen Becken; die dritte streuet Blumen; die vierte rückt die Polster des Sopha zurechte.

SERES. EINIGE ZOFEN.

Seres tritt ein.

Ist alles zum Empfang der Königin bereit? —
Eilt ihr entgegen! fliegt zu eurer Schuldigkeit!

Die Zofen eilen ab. Seres mustert das Zimmer.

Hierauf erscheint ESTHER, auf einem Balankine von vier Schwarzen getragen; die Zofen tragen den Thronhimmel über ihr; man läfst sie nieder; die Schwarzen entfernen sich; die Zofen bleiben im Vorzimmer.

Seres
indem sie Esthern vorwärts führt.

Nun? Ist euch besser jetzt?

Esther.

Ein wenig.

Seres.

Laſst euch nieder!
Noch lähmt euch Mattigkeit zu sichtbar alle Glieder!

Esther
setzt sich auf den Sopha.

Setzt euch doch auch!

Seres
feyerlich zurück weichend.

O!

Esther.

Kommt!

Seres.

Erlaubet mir zu stehn!

Esther.

Kommt doch!

Seres.

Verschont mich!

Esther.

Wie?

Seres.

Befehlt mir kein Vergehn!

Esther.

Hier ist noch Platz für euch.

Seres.

Auf euerm Ruhebette?

Eh sänk' ich um!

Esther.

Was schreckt euch ab?

Seres langsam.

Die Etiquette.

Esther naif.

Was ist das für ein Ding?

Seres mit Begeisterung.

Es ist die Heimlichkeit,
Die Losung, das Panier der Höfe weit und breit;
Der Stein, von Geisterhand zum Eckstein abgeründet,
Worauf sich Salomo's verlorne Weisheit gründet;

Es ist der Isis Bild, die nie ihr Haupt entblöſst;
Es ist der Talisman, der alle Zauber löst;
Und wenn von Pol zu Pol die Höfe sich verdammen,
Verfolgen und entzweyn — der Ring hält sie zusammen.

Esther.

Ich bin die Einfalt selbst, ich fasse dieses nicht;
Ich werde, wenn am Hof schon lange mein Gesicht
Veraltet ist, noch neu in Ton und Wesen bleiben. —
Wie mir zu Muthe sey, kann ich euch nicht beschreiben.

Auf ihr Herz zeigend.

Hier herrscht nur Ahasver! Die andern Bilder fliehn
In die Vergessenheit. Ich sehe nichts, als ihn,
Als seine Majestät und Freundlichkeit und Liebe. —
Die Krone lieſs' ich gern, wenn er mir übrig bliebe.

Seres.

O, seltne Königsbraut!

Fällt vor ihr nieder.

Esther umarmt sie.

Ach, nennt mich euer Kind!

Seres.

Treu will ich stets euch seyn, treu, wie nur Mütter sind.
Und wenn ich euch zum Dank mein neues Amt verwalte,
So nennt mich Mutter!

Esther.

Nein, ich nenn' euch meine Alte.
Den Nahmen Mutter sprach ich leider niemahls aus.

Seres.

Sehr wohl — macht man nur nicht ein Quodlibet daraus!

Esther.

Was ist das für ein Ding? muſs ich euch wieder fragen?

Seres verlegen.

Es ist — wie soll ichs gleich mit andern Worten sagen? —
Ein Quodlibet — das ist — ein Quodlibet — nein, nein!
Es ist des Witzes Schmach, es ist der Ohren Pein;
Kurz, meine Meinung ist, es möchten aus der Alten
Die jungen Höflinge ein altes Weib gestalten.

Esther.

Ist man am Hof so schlimm?

Seres.

Sehr schlimm. Doch laſst darum
Euch nur nicht bange seyn. Von diesem Heiligthum
Bin ich die Priesterin. Euch in den kleinsten Pflichten,
Wie in den wichtigsten, genau zu unterrichten,
Und mit gestrichnem Maſs die Salbung zu verleihn,
Kann niemand tüchtiger, als eure Seres seyn.
Ruhmredigkeit ist zwar mir von Natur zuwider;
Doch Freunden sag' ich gern mein Gutes frey und bieder.
Ja, bestes Kind, ich steh' schon manches liebes Jahr
Auf diesem heiſsen Fleck; und kein Gesandter war,
Der nicht entzückt von mir nach seinem Hofe kehrte,
Und der nicht feyerlich beym Abschied mir erklärte:
„Madam, an unserm Hof — ich sag's euch ins Gesicht —
An unserm ganzen Hof ist keine Dame nicht,
Die um der Feinheit Preis mit einer Seres buhle;
Ich schicke sie euch her; nehmt sie in eure Schule!" —

Esther thut indessen, als ob sie schliefe; Seres wird es gewahr, erschrickt, schleicht auf den Zehen ab, und winkt den Zofen, sich zu entfernen.

EILFTER AUFTRITT.

ESTHER allein.

Esther
sich wieder aufrichtend.

Ich kann nicht ruhn, eh noch zu dir ein Seufzer fliegt,
Der du so liebreich mich als Kind oft eingewiegt —
Zu dir, o Mardochai! — Vernimm es! Deine Nichte,
Dein Pflegekind, dein Stolz, sie ärntet schon die Früchte
Von deinem Segen ein. Erhört ist dein Gebet. —
Ja, ich bin ruhig; ja, vor meinen Augen steht
Der Zukunft heitres Bild in jugendlicher Schöne —
Und ferne sind von mir der Sehnsucht Klagetöne.

Die gefalteten Hände mit Inbrunst zum Himmel erhebend.

Gott meiner Väter, nimm dich meiner Schwachheit an!
Dein Engel leite selbst mich auf der neuen Bahn!
Laſs unverfälscht dein Wort in meiner Seele leben,
Und meiner Sendung Zweck mir stets vor Augen schweben,
Laſs mich der Wittwe Trost, der Schutz des Waisen seyn! —
Laſs nie des Hofes Gift mein junges Herz entweihn,

Nie meiner Niedrigkeit mich auf dem Thron vergessen,
Noch mit des Stolzes Maſs den Rest der Menschen messen! —

Mit steigender Lebhaftigkeit.

Wach' über den Gemahl, der mich zu sich erhebt!
Sieh, wie mein ganzes Herz ihm froh entgegen strebt!
Laſs mich der Wünsche Ziel auf seine Liebe gründen!
Und o! — laſs ihn sein Glück in meiner Liebe finden!

Sie legt sich zurück um zu schlafen; der Vorhang fällt.

Ende des ersten Akts.

ZWEYTER AKT.

Eine offene Colonnade, Vorhof des Palastes.

ERSTER AUFTRITT.

MARDOCHAI

betrachtet mit sehnsuchtsvollem Blicke den Eingang des Schlosses.

Wie lange hab' ich nicht mein Estherchen ge-
sehn! —
Sonst sah ich jeden Tag sie hier vorüber gehn.
Des Morgens erster Strahl zog sie nach ihrem
Garten. —
Jetzt komm' ich oft umsonst. Bedenklich. Warum
das? — Ich will warten.
Ins Schloſs wag' ich mich nicht.

Setzt sich auf einen Stein.

ZWEYTER AUFTRITT.

MEHUMAN. MARDOCHAI.

Mehuman

ohne Mardochai zu bemerken, vor sich.

O! der Erzjude, der!

Mir nicht zu traun! — Nichts hält doch auf der
Welt so schwer,
Als Geld; und nichts — nichts ist geschwinder aus-
gegeben. —
Wer sitzt dort? — Mardochai! — Ha! daſs der
Zufall eben
Mir den entgegen führt! — Das wäre just mein
Mann!
Der hat Geld und — Kredit! — Ich wag's, ich red'
ihn an. —
Klug soll er seyn, sehr klug, doch auch nicht we-
nig eitel.
Die Gunst der Königin, und ein gespickter Beutel!
Zum Stolz ist Eins genug. — Und wär' er noch
so fein;
Ich will schon mit Manier ihm Sand ins Auge
streun.
Er kennt mich nicht — was thuts? Genug, wenn
ich mich nenne.

Geht vertraulich auf Mardochai zu.

Wie stehts, mein Freund?

Mardochai
steht verwundert auf.

Mein Herr?

Mehuman.

Ihr kennt mich nicht? — Ich kenne
Doch euch so gut.

Mardochai.

Ihr irrt. Ich bin viel zu gering
Für einen Mann, wie Ihr.

Mehuman.

Ich bin der Kämmerling
Mehuman; — hoch im Rang! — der erste nach den Stäben —
Und unser Oberschenk — ich gönn' ihm langes Leben —
Doch er nimmt sichtbar ab. — Wie stehts, Herr Mardochai?
Es ist wohl noch zu früh? Man ging noch nicht vorbey?

Mardochai.

Wie?

Mehuman
ihm auf die Achseln klopfend.

Guter, lieber Mann, ich weiſs, auf wen wir lauern.

Mardochai.

Da wiſst ihr mehr, als ich.

Mehuman.

Ihr solltet mich nur dauern,
Wenn ihr umsonst — Geheimnifsvoll. Man mag ein wenig unpafs seyn.
Seit gestern Abend geht der Leibarzt aus und ein.

Mardochai.

Herr, das sind Räthsel.

Mehuman lächelnd.

So? Doch sinds nicht faule Fische.
Glaubt ihr, dafs irgend was am Hofe mir entwische?
Man ist nicht blind; man siehts, wenn — Man euch freundlich nickt,
Und im Vorübergehn was in die Hände drückt.

Mardochai stolz.

Wie, Herr?

Mehuman.

Auch räth man leicht, was diese Gunst bedeute;
Denn, Freund, dafs Ihrs nicht braucht, das wissen alle Leute.
Man zweifelt nicht, ihr seyd ihr Grofsalmosenier —
Ein ehrenvolles Amt!

Mardochai verdriefslich.

Lebt wohl!

Mehuman.

O, bleibt doch hier!

Mardochai.

Herr, ich bin nicht gewohnt, dafs jemand meiner spotte.

Mehuman.

Wie Unrecht thut ihr mir! O, zählt mich nicht zur Rotte
Der Höflinge! Ich weifs, ihr seyd ein Biedermann.
Schon lang' ist euch mein Herz im Stillen zugethan;
Schon lange sehn' ich mich, mit euch recht auszuplaudern.

Mardochai.

Herr, mich ruft ein Geschäft. Ich darf nicht länger zaudern.

Mehuman.

Nein, ich vertreib' euch nicht. Ich gehe selbst. Ich mufs
Zur Reitbahn. — Nur Ein Wort! Wifst ihr schon den Verdrufs

Der Exhofmeisterin? Das war vorherzusehen.
Ein Dornstrauch und ein Lamm; wie konnte das bestehen?
Das Lämmchen hüpft und springt; die Dornen häkeln gern
Sich in die Wolle; kurz — ihr wiſst, von groſsen Herrn
Bleibt nichts geheim — das Ding hat so sich zugetragen —
Doch bitt' ich euch recht sehr, es mir nicht nachzusagen. —
Man habe — flüstert man — hier, im Vorübergehn
Ein Kind — ein armes Kind zu freundlich angesehn.
Nun war, daſs Man zu sehr, zu sehr herab sich lasse,
Der stete Krieg — dieſs stieſs den Boden aus dem Fasse.
Man weinte bitterlich; zum gröſsten Unglück fand
Uns der Gemahl, als noch im Aug' ein Thränchen stand.
Er fragt — wir sind bestürzt — er hört nicht auf zu fragen;
Und wir sind schwach genug, die Wahrheit ihm zu sagen:

Eine Weiberstimme annehmend.

„Euch mach' ich Alles recht und meiner Alten nichts." —

Er ist ein guter Herr, doch desto schneller brichts. —
Indeſs hat man sich doch nach Hofmanier geschieden;
Sie nimmt die Pension, und bleibet hier im Frieden. —
So gehts am Hof! wohl dem, der ihn entbehren kann!
Ihr, zum Exempel, seyd ein neidenswerther Mann.
Geld und Kredit! Da braucht man niemand auszuweichen. —
Ach! a propos, ich steh' mit einem eures Gleichen
In Unterhandlung. Wenn der Mann — ich bin nicht reich —
Auf einen Bürgen dringt; so rechn' ich ganz auf euch.
Ich war heut schlecht gelaunt; das Plaudern hat mich heiter
Und leicht gemacht. Lebt wohl! wir sprechen uns bald weiter. ab.

DRITTER AUFTRITT.

MARDOCHAI
allein, indem er ihm nachsieht.

Groſsthun! Zudringlichkeit! Geschwätz und Schmeicheley!
Wars Hunger, der ihn trieb? Wars nur Spionerey? —

Was **Gutes** hab' ich doch von diesem Wicht vernommen.
Aus Einer Sklaverey ist Estherchen entkommen? —
Getroster kann sie jetzt die schön begonnene Bahn
Verfolgen, freyer sich dem edeln Gatten nahn. —
Vielleicht gelingt es ihr, sein Auge zu entschleyern.
Auf Schlangen steht sie noch; kämpft noch mit Ungeheuern.
So sehr er sie auch liebt; so gut er selber ist;
So ganz ist noch sein Herz das Spiel von Hamans List. —
Du Bösewicht, der ihn durch falschen Eifer blendet,
Und seine Huld misbraucht, und sein Vertrauen schändet,
O! wärst du auch entlarvt!

VIERTER AUFTRITT.

HAMAN. MARDOCHAI.

Haman tritt ein, und geht nach dem Thore zu.

Mardochai wird ihn gewahr.

Da kommt der stolze Thor!
Frech, wie ein Priester Baals, trägt er die Stirn empor;
Blickt just so schel. Mir kommt die Lust, ihn zu beschämen.

Setzt sich nieder auf die Bank am Thore.

Haman

der sich indessen die Stirne gerieben hat, als wenn er in Gedanken stände, setzt seinen Weg fort und wird den sitzenden Mardochai gewahr.

Kennt mich der Jude nicht? — Laut. Nun? — wird man sich bequemen
Und aufstehn?

Mardochai.

Ohne Groll, geht ihr nur still vorbey!

Haman.

Verworfner Judenhund!

Mardochai.

Ich heifse Mardochai.

Haman.

Ich — Haman; Er, vor dem selbst Esther sich verneiget,
Und alles Volk sein Knie, wie vor dem König, beuget!

Mardochai.

Dem König weich' ich aus, und meinem Gotte nur
Beug' ich mein Knie.

Haman.

Du Lump!

Mardochai.

Ich mache nicht Figur;
Mein Reichthum ist mein Herz.

Haman.

Verdammte Heuchelmiene!

Mardochai.

Zum Lächeln reitzt mich nur Spott, den ich nicht verdiene.

Haman.

Elender!

Mardochai aufstehend.

Elend ist, wer neidenswerth sich dünkt,
Indefs im Rücken ihm die nahe Rache hinkt.

ab.

FÜNFTER AUFTRITT.

HAMAN allein.

O, Schmach! — Wie räch' ich mich? — Es ist des Königs Sache —
Er ist in mir beschimpft — Er schaffe selbst mir Rache!

Sinnt. Was macht den Frevler kühn? — dafs er dem Ahasver
Dat Leben rettete? — Verächtlich. Ein blindes Ungefähr! —
Ists möglich? — trotzest du auf dieses Angedenken?
— — Und darum glaubest du, mich ungestraft zu kränken? —
O, Dummkopf, geh! Seitdem flofs manches Wasser hin;
Längst schwand dein schnöder Dienst dem König aus dem Sinn. —
Stutzt. Doch — kann sein Nahme jetzt nicht die Erinnrung wecken? —
Gemach! — Ich mufs den Plan mit einer Wolke decken.
Sinnt. Nicht ihn — sein ganzes Volk klag' ich statt seiner an. —
Langsam. Gefährlich für den Staat ist ihres Glaubens Wahn —
Sie murren unterm Joch, und spotten der Gesetze —
Noch langsamer. Und heilsam flöfs' ihr Gold in unsre leeren Schätze.
Diefs täuscht des Königs Ohr, diefs fesselt seinen Sinn! —

In schadenfrohe Begeisterung übergehend.

Ja, zur Genugthuung reicht dein Tod mir nicht hin.
Originalgenie in seiner Rache bleibet

Ein grofser Mann, wie ich, wenn man sich an
ihm reibet.
Ja, die Verherrlichung ging meinem Ruhm noch ab;
Und Dank dir, Mardochai, der mir den Anlafs
gab! —
Schon steht mein stolzer Geist auf seinen Opfer-
schaaren;
Und durch die weite Welt erschallts: Die Juden
waren!
Ein Einziger bog einst vor Haman nicht sein Knie;
Und Haman schwang den Stab — verschwunden
waren sie.

Will ins Schlofs, bleibt nochmahls stehen.

Ob ich die Hand ans Werk in diesem Taumel lege?
Ob ich geheimen Rath mit meinem Weib erst
pflege?
Ja, hätte nicht Madam durch allzu viel Bedacht,
Trotz ihrer Süfsigkeit, sich um ihr Glück ge-
bracht;
Sie könnte meinen Plan jetzt trefflich unterstützen;
Sie könnt' ihn wenigstens vor jedem Querstrich
schützen. —

Spöttisch.

Da sitzt sie nun — und bringt die Weisheit aufs
Papier —
Und hofft der Nachwelt Dank!

SECHSTER AUFTRITT.

AHASVER. HAMAN.

Ahasver
wird Haman im Eintreten gewahr und ruft:

Ah, Haman! bist du hier?

Haman verwundert.

Wie, Sire? So allein?

Ahasver.

Warum?

Haman.

Ganz ohne Wache?

Ahasver.

Daſs ich dieſs Puppenspiel der Königschaft verlache,
Ist meiner Esther Werk. Sie schrieb mir in die Brust:
Monarch, sey dir des Glücks, geliebt zu seyn, bewuſst!
Wem dieses Schild gebricht, dem birgt umsonst ein Nebel,
Den schützen keine Burg, den retten keine Säbel.

Haman.

Das ist sehr groſs gedacht. Allein ein Mann, wie ich,
Klebt gern am Vorurtheil, und ist oft wunderlich.
Ein Persischer Monarch wies ehmahls sich nur selten,
Und machte, wenn ers that, sein Ansehn besser gelten.
Getäuscht seyn will das Volk — Und kurz — ein Bataillon
Handfester Garden ist doch nicht zu viel am Thron.

Ahasver.

Ich freute mich euch hier auf meinem Weg zu finden;
Doch euer Amtsgesicht heiſst meine Freude schwinden.

Haman
dem König zu Füſsen.

Ach, Sire!

Ahasver.

Pfui! steht auf!

Haman.

Verzeiht mir erst, verzeiht!

Ahasver.

Ich weiſs von keinem Groll.

Haman.

Gewiſs nicht?

Ahasver.

Habt ihr Zeit?

Haman.

Ist meinem König nicht mein ganzes Leben heilig?

Ahasver.

O, laſst das Wortgepräng! ich bin ein wenig eilig.
Mein armes Estherchen! sie klagt sich abermahl!

Haman.

Auf junger Frauen Weh folgt stets ein Freudenmahl.

Ahasver.

Ach, wenn nur Sorgen nicht auf ihrer Seele liegen! —
Die Hälfte meines Reichs gäb' ich für ihr Vergnügen.

Haman.

Sie ist diskret — und hat so wenig Phantasien!

Ahasver.

Ach, gestern liefs sie doch sich einen Wunsch
entfliehn. —
Du weifst, wie gerne sie den Pomp des Hofes
meidet,
Und dafs ihr Herz sich nur an sanftern Scenen
weidet.
Im neuen Park, der blofs auf ihren Wink entstand,
Wo ihr schon mancher Tag in Wonneträumen
schwand;
Da safsen wir am Teich, und fütterten die Hechte.
Sie schwieg, und lächelte. Ich forschte, was sie
dächte.
„Sehr grofs, sprach sie, sehr hell und schön ist
dieser Teich!
Doch wär' ich eine Fee, ich schüfe doch sogleich
Den todten Spiegel um zum rauschenden Kanale. —"
Nichts leichter, sagt' ich. — „Hum! nach meinem Ideale,
Versetzt sie, nicht so leicht, als mein Gebieter denkt.
Die Schöpfung einer Fee ist kühn und unbeschränkt;
Und mein Kanal — du lachst? — er trüge grofse
Schiffe." —
Ich wandte das Gespräch, als ob ichs nicht begriffe;
Doch ängstlich spürt seitdem mein Geist den Mitteln nach
Sie zu befriedigen. O, Freund, schein' ich dir
schwach

In diesem Augenblick; verzeihs der Gattenliebe!
Wenn unerfüllt ihr Wunsch durch meinen Kaltsinn bliebe,
Nie könnt' ichs mir verzeihn. Ists eine Möglichkeit?
Was ist der nächste Fluſs?

Haman.

Der Euphrat flieſst nicht weit.

Ahasver freudig.

Wie nah?

Haman.

Nah eben nicht. Zwey bis drey hundert Meilen.

Ahasver.

O, laſs uns einen Arm ihm abzuleiten eilen!

Haman.

Ja! — Nein! Die Schiffahrt, Herr, heischt einen gröſsern Plan.
Wir stechen den Kanal bis in den Ocean.

Ahasver.

O, du gescheuter Kopf! Du Fürst gewandter Geister!

Ja, ja! in klugem Rath sucht Haman seinen Meister;
Das lehrt mich jeder Tag. — Wie bald kanns fertig seyn?

Haman.

An Esthers Nahmensfest weiht man die Schiffahrt ein.

Ahasver.

O, schön! Dann lassen wir ein Schiff vom Stapel laufen,
Das wir ihr huldigen und Esthers Freude taufen.
Der Bauch von Ebenholz, das Dach mit Gold gedeckt,
Die Ruder Elfenbein! — Ein Welscher Architekt
Entwand den Riſs dazu dem Dogen von Venedig.

Haman.

Sehr wohl! — Doch leider sind jetzt alle Kassen ledig.

Ahasver.

Was fangt ihr Leute nur mit meinen Geldern an?

Haman.

Kein Sou wird unbefugt und — ohne Noth verthan. —
Doch ein Vermählungsfest, das — nur drey Monden dauert!

Zwölf Meilen im Quadrat zu einem Park ummauert —
In diesem Park ein Teich, der Berg und Thale fafst —
Hier Schweizerdörfer — dort ein Gothischer Palast —
Ein wolkenhoher Thurm — drey Grotten — sechs Cascaden —
Ein Mandel Tempelchen — ein halb Schock Kolonnaden!
Und sonst all überall Freygebigkeit und Pracht!
O, so erschöpft man leicht das Gold in Peru's Schacht. —

Ahasver reibt sich verdriefslich die Stirne.

Sey ruhig! man creirt ein Dutzend neue Taxen.

Ahasver lebhaft.

Nein, höher lafs' ich nicht des Volkes Lasten wachsen. —
Kommt dir kein Mittel sonst, als dieses, in den Sinn? —
Gieb meinen Schmuck als Pfand zur Synagoge hin!
Das Geld, das mir gebricht, hat sicher ein Rabbiner.

Haman
nach einer Pause.

Vernimm ein wichtiges Projekt! Dein treuer Diener

Verschob aus Furcht vor dir es auf die lange Bank;
Und heute weiſs er sich für dieses Zaudern Dank.

Ahasver.

Aus Furcht vor mir? Wie so?

Haman.

Herr! — Kennst du Jacobs Söhne?

Ahasver.

Sie zeichnen ja durch Tracht, Grimassen, Sprünge, Töne,
Und mehr Bizarrerien sich unverkennbar aus,
Und rennen früh und spät umher von Haus zu Haus.

Haman.

Du kennst nur, merk' ich wohl, der Gaukler Aussenseite;
Ihr Innres ist dir fremd. — O, König, diese Leute,
Sie sind die schlimmste Brut, die sich nur denken läſst.
Sie schleichen durch dein Reich im Dunkeln, gleich der Pest,
Verachten dein Gesetz, verspötten unsern Glauben,
Und legen sich auf nichts, als Lügen, Trügen, Rauben.
Kein Mensch ist ihnen gut; sie hassen jedermann.
Du — der sie duldsam schützt — dünkst ihnen ein Tyrann;

Und läg' ihr Hasenherz nicht mit der Wuth im Streite,
Die Tyger räumten dich, ehs Abend wird, bey Seite.

Ahasver.

Hu! welch ein schwarzes Bild!

Haman.

Ich nahms aus der Natur.
An ihnen, Herr, ist Herz und Geist — Karikatur.
Drum rath' ich dir, als Freund, — tilg' alle Jakobiner
Vom Eselstreiber bis zum Haupte der Rabbiner!

Ahasver.

Freund, du beleidigst mich.

Haman bitter.

Das sah ich wohl vorher.
Dem feurigen Gemahl dünkt kein Projekt zu schwer;
Der sanfte König bebt — vor einer Aderlasse.
Du wirfst die Juden doch nicht in die Menschenklasse?

Ahasver blickt ihn drohend an und geht ab.

SIEBENTER AUFTRITT.

HAMAN allein.

Er geht! — Ich war zu plump. Wie lenk' ich wieder ein?
Ich muſs ein andres Licht dem Todesurtheil leihn.
Als Mittel schlag' ichs vor, die Juden nur zu schröpfen —
Und laſs' im Stillen dann sie nach Gefallen köpfen.
Wie gern verzeiht er mir das rasche Mordsignal,
Entsteht aus ihrem Blut sein schiffbarer Kanal! —

Will ab, besinnt sich wieder.

Doch! wenn mirs auch gelingt, sein Siegel zu erschleichen —
Wird Esther vor der Zeit ihn nicht zur Reu' erweichen?
Ein Hauch von ihr bewegt das allzu schwache Rohr. —
Still! — nur Ein Mittel kommt der schlauen Frau zuvor. —
Bestimmen muſs ich ihn, daſs er auf wenig Tage
Der Popularität, die er jetzt übt, entsage.
Er nahm den Ton doch nur ihr zu Gefallen an;
Im Grunde hängt er noch am Sultans-Schlendrian.
Ja, um sich jeden Sturm vom Herzen abzuwehren,
Muſs er zurück zum Brauch der alten Perser kehren.
Hinweg von seinem Thron sey jedermann geschreckt,
Und ungefragt der Bann auf Esthern selbst erstreckt.

Ab ins Schloſs.

ACHTER AUFTRITT.

Garten in Hamans Hause.

SERES. MEHUMAN. Hierauf OSMIN und ein Paar Schwarze.

Seres
im Gespräche begriffen, und von Mehuman geführt.

Ja — nichts vermag so sehr des Geistes Blick zu schärfen,
Als wenn wir öfters ihn auf das Vergangne werfen.

Mehuman.

„Die Zeiten sind nicht mehr!" — Da stimm' ich auch mit ein.
Frau Vasthi sollte noch am Regimente seyn.
Es gab der Plage mehr, doch gabs auch mehr Vergnügen.
Jetzt kann man Tage lang auf faulem Polster liegen.
Das Bifschen Tafel geht vorüber, wie der Blitz;
Und aufser dem nimmt man von uns kaum mehr Notiz.
Es ist, als habe sich mit den zwölf Flitterwochen
Der Freude Genius ins Boudoir verkrochen.
Kein Ballspiel, keine Jagd, kein Wettlauf, kein Turnier! —
Am kleinsten Bassahof gehts gröfser her, als hier.

Osmin tritt unter der vorigen Rede mit ein Paar Schwarzen auf, die einen Tisch mit Sorbetgeräthe, und Polster und Teppiche bringen.

Seres

geht indessen geheimnifsvoll mit Mehuman weiter vor.

Das macht — die Königin weifs nichts von Etiquette.
Mit ihren Kammerfraun stickt sie bald um die Wette;
Steht bald auf dem Balkon, und spielt für sich Joujou,
Kos't mit dem Äffchen hier, dort mit dem Kakadou;
Bald geht sie — nein! sie läuft spazieren im Galoppe,
Und hängt den Purpur um, wie eine Pelzsaloppe.
Und diese Kindereyn und diesen Bürgerton
Bewundert schweigend ihr gekrönter Koridon.
Mein Trost ist, dafs ich selbst die Wirthschaft nicht mehr sehe;
Von fern belustigt sie, und ekelt in der Nähe. —
Ach, Alles auf der Welt ist nur ein blauer Dunst.

Mehuman.

Ihr war't ein Philosoph, Madam, im Schoos der Gunst,
Ihr seyd in der Disgrac' ein Held.

Osmin geht mit den Schwarzen, nachdem alles in Bereitschaft ist, ab.

Seres

führt Mehuman zum Tische; sie setzen sich.

Zum Unterrichte

Der Grofsen, schreib' ich jetzt des alten Hofs Geschichte.
Mit Kupfern wird das Werk, versteht sich, reich verziert
Und allen Fürsten sammt und sonders dedicirt.

Mehuman.

Ey ey, da wirds Porträts und Ring' und Dosen regnen!
Wenn sich die Herrn nur nicht in der Façon begegnen!

Seres schenkt Mehuman ein; sie selbst nimmt sich nicht Zeit zum Trinken.

Seres.

Ein feiler Journalist buhl' unverschämt um Gold;
Bewundrung, Beyfall, Ruhm sey meiner Muse Sold.
Von meiner Pension zahl' ich die Druckerkosten;
Die Avertissements sind schon auf allen Posten.

Mehuman.

Ich habe zwar bis jetzt noch keinen Bücherschatz;
Doch dieses Werk, Madam, verdient den ersten Platz.

Seres.

Hört, Freund — kommt eine Frau erst auf Gedankenketten,

So kann den Hörer nichts vor ihrer Suada retten,
Als schnelle Flucht. — Was wird's? — entflieht dem Überdrufs!

Mehuman
indem er Sorbet schlürft.

Madam, ich hab' auch Sinn für geistigen Genufs.

Seres.

So hört — doch glaubet nicht, ich wähnt' euch zu belehren —

Mehuman.

Darf ich indefs, Madam, die Kanne vollends leeren?

Seres.
Nachdem sie ihm ein Zeichen des Beyfalls gegeben hat, rückt sich Mehuman den Tisch ganz nahe und fährt fort zu trinken.

„Ein schlichtes Weib beherrscht mit Einfalt ihren Mann
Gewisser, als mit List es oft die Klügste kann.“
Zum Beyspiel? — schon zu viel! Beyspiele sind gehässig.
Mein Eifer war gewifs am jungen Hof nicht lässig;
Und doch — es ist vorbey! Ihr wifst, wie Alles kam —
Vernehmt jetzt auch, wie fein ich meine Rache nahm.

Die auserlesensten von meinen Geistesblüten,
Zum schönsten Straufs vereint, wagt' ich ihr anzubieten.
Getreu stellt dieser Straufs ein Sinnbild dessen vor,
Was sie in mir besafs, was sie an mir verlor. —
Dafs sies vielleicht nicht fafst, halt' ich ihr gern zu gute.
Entlaufen fühlt sie sich der Gouvernantenruthe,
Und ahndet nicht, wie sehr sie ihrer noch bedarf.

Mehuman.

Ja, euer Scharfblick war dem armen Kind zu scharf.

Seres.

Und einen Löwen führt diefs arme Kind am Bande. —

Lächelnd.

O Frauen, Frauen, strebt doch ja nicht nach Verstande! —
Er ist Theaterschmuck — ist theuer g'nug im Kauf —
Allein der Jude borgt euch keinen Kreuzer drauf. —
Ihr stutzt? wohlan! ich will mich deutlicher erklären:
„Verstand bedarf des Glücks; das Glück kann ihn entbehren.“
Da ist mein Herr Gemahl — nun! Seiner Excellenz
Fehlts nicht an Politik. Er kennt Convenienz

Mehr, als das Völkerrecht — frohnt seines Fürsten Launen
Getreuer, als dem Staat — liebt Hörner und Posaunen
Mehr, als den sanften Ton, der auf der Laute schwebt —
Tritt auf, daſs das Parket von seinem Gange bebt —
Traktirt ohn' Unterschied die Andern als Philister —
Und ist und war und bleibt der oberste Minister. —
Und ich — die ihren Kopf schlau aus der Schlinge zog,
Als Vasthi's Übermuth in alle Lüfte flog —
Ich, die zu Esthers Glück die erste Staffel baute —
Ich, der als Mutter sie der König anvertraute —
Die wie ein rohes Ey den kleinen Eigensinn
Behandelte — und ich! — wo ist mein Einfluſs hin?

Osmin kommt wieder.

Ein Unbekannter — nicht zum schönsten angezogen —
Fragt nach Ihr' Excellenz — er bringt gedruckte Bogen —

Seres wichtig.

Ganz recht; die Correktur! — ich komme —

Zu Mehuman scherzhaft.

Freund, verzeiht!

Ein Autor wird geplagt —

Mehuman sie abführend.

Ihn lohnt Unsterblichkeit.

Ende des zweyten Akts.

DRITTER AKT.

ERSTER AUFTRITT.

Zimmer der Königin.

Zwey roth behangene Tische; der Eine allenfalls mit einer silbernen Toilette. Eine Laute auf einem Polster liegend; neben demselben Noten auf der Erde zerstreut, unter welchen ein Buch in rothem Sammet hervor guckt. Ein Sopha. Ein Nährahmen mit bunter Stickerey.

ESTHER allein.

Einfach gekleidet und auf dem Sopha am Rahmen sitzend; sie stickt, legt sich zurück, seufzt und stützt den Kopf auf ihren Arm.

Umsonst zerbrech' ich mir den Kopf, es zu ergründen.
Wie konnt' im Augenblick mein Paradies verschwinden? —
Der beste König will sich seinem Volk entziehn!
Der zärtlichste Gemahl gebeut mir, ihn zu fliehn!
Die Unschuld muſs bestürzt von seinem Throne weichen!

Der Liebe süſses Flehn kann nicht sein Ohr erreichen!
Er, einst der Menschheit Freund, hüllt mürrisch und allein
In den furchtbaren Pomp der Majestät sich ein!
Wer hat sein Volk und mich aus seiner Brust verdrungen?

ZWEYTER AUFTRITT.

SELMA. ESTHER.

Selma freudig.

Ach, beste Königin, eur Affe hat zwey Jungen.

Esther gleichgültig.

So?

Selma.

Freut ihr euch denn nicht?

Esther.

Ach, mir macht nichts mehr Spaſs.

Selma.

Wie? seyd ihr unpaſs? Ja, ihr scheint mir trüb' und blaſs.

Esther.

Ach, nein!

Selma.

Folgt gutem Rath, und legt euch hübsch zu Bette.

Esther halb ungeduldig.

Nein, nein! — Wo ist das Buch von Madam Etiquette?

Selma verwundert.

Wie!

Esther.

Das rothe Buch, das mir Frau Seres liefs,
Als mein Gemahl mit Glimpf sie aus dem Schlofs verwies?

Selma suchend.

Dort unter Noten liegts!

Esther.

Gieb her! — Ich will studiren.

Selma bringt ihr das rothe Buch.

Geh!

Selma geht.

—Selma!

Selma nähert sich wieder.

Wirst du auch nicht die Geduld verlieren,
Wenn künftig mich — wer weiſs? — die böse Laune quält?

Selma

wirft sich in Thränen vor ihr nieder.

Ach!

Esther.

Geh! daſs an Pflege nichts den kleinen Äffchen fehlt.

Selma ab.

DRITTER AUFTRITT.

ESTHER allein.

Sie öffnet das Buch und liest.

„Testament der Exhofmeisterin Seres, oder treuer Rath an die junge Königin." —

Frau Seres treuer Rath wohnt nicht auf glatten Zungen.
Doch Unmuth hat vielleicht ihr Wahrheit abgedrungen.

Liest.

„Todt bin ich für den Hof, und von der Welt getrennt;
Empfang', o! Königin, mein letztes Testament!
Nur auf Erfahrung stolz, aus Eifer nur verwegen,
Laſs mich ein Schärflein Rath auf deinen Nachttisch legen.
Kalt schied von deinem Thron die Exhofmeisterin;
Wehmüthig blicket noch die Freundin nach dir hin;
Nah an des Abgrunds Rand, den Blumen überweben,
Sieht sie auf glatter Bahn dich, leichten Fuſses, schweben,
Und bebt, indeſs dein Geist nur goldne Träume nährt.
Du hast ihr Herz verkannt; sie fühlet deinen Werth.
Laſs sie vom Pfad des Glücks dir eine Skizze tuschen! —
Fürs Erste — hüte dich, ins Regiment zu pfuschen!
Alleinherrschaft war stets der Männer Steckenpferd;
Das Weib verdammten sie zur Spindel und zum Herd. —
Zwar dir, o! Königin, ziemt Kochen nicht, noch Spinnen;

Auf Putz und Anstand nur gebührt es dir zu sinnen.
Gefallen — sey dein Ziel! Nur durch der Kunst Magie
Blüht ewig frisch der Reitz, den dir Natur verlieh.
Nur sie vermag die Zeit dem König zu verkürzen,
Und ihm die Alltagskost des Ehglücks zu würzen.
Dein Blick, wenn du ihm nahst, erhelle das Gemach;
Vor dir geh' Ehrfurcht her, und Liebe folge nach;
Und sollt' auch dir vor Angst das Herz im Busen beben;
Laſs auf den Lippen stets ein Wonnelächeln schweben!" —

Legt das Buch hin.

Weg mit dem treuen Rath! Ich scheine, was ich bin!
O, Wahrheit! o, Natur! für euch nur hab' ich Sinn.
Mag ewig sich von mir des Königs Herz entfernen —
Nie, nie kann ich die Kunst, mich zu verstellen, lernen.

Nimmt es wieder, und fährt fort zu lesen.

„Verbotne Sehnsucht regt auch unterm Purpur sich.
Dein Herz, voll stiller Glut, sey Marmor öffentlich.

Wie oft vermag ein Blick, ein Hauch, ein halbes Nicken —
Der Wünsche Gegenstand zum Acheron zu schikken!
Neid sieht durchs Mikroskop; Verdacht lauscht überall;
Der Höfling lebt vom Wind, der Harem ist Krystall." —

Legt es unwillig wieder hin.

Pfuy, Seres! euer Rath ist ein Gespinst von Ränken. —
Doch — Lesen läſst mich nicht an meinen Kummer denken;
Mehr will ich nicht — ich muſs mich mit Gewalt zerstreun —
Und heilsam würde jetzt selbst Ärgerniſs mir seyn.

Liest wieder.

„Entflieh der Schmeicheley! Verbirg dich selbst dem Lobe;
Und spende dein Vertraun nicht an die Garderobe! —

Mit steigender Aufmerksamkeit.

Von Bettlern ohne Zahl wird deine Thür bestürmt;
Und hast du Tausende gerettet und beschirmt —

Und weisest Einen ab — so regt sich die Kabale,
Und mischt der Schmähsucht Gift in deine Freudenschale!
Dich zu verdammen, g'nügt der leiseste Verdacht.
Ein Augenblick verhüllt die Sonn' in Mitternacht;
Ein Augenblick zerreifst der Herzen stärkste Bande;
Und stürzt dich vom Olymp in Staub und Gram und Schande!" —

Legt es hin, steht auf und ruft in vollem Affekt aus.

Wahr! wahr! o! wie so ganz den Hof Frau Seres kennt!
Und dort im Winkel lag ihr weises Testament? —
Von nun an will ichs treu auf meinem Tisch bewahren.

Legt es auf ihren Nachttisch.

Auch ich — ich mufs so früh der Schmähsucht Gift erfahren.
Ich war so gut — und doch hab' ich mein Glück verscherzt!
Er liebte mich — und jetzt bin ich bey ihm verschwärzt!
Und keiner Schuld bewufst, fliefst einsam meine Thräne!

VIERTER AUFTRITT.

SELMA. ESTHER.

Selma.

Der alte Mardochai fragt an —

Esther.

Erwünscht! — Ich sehne
Mich längst nach seinem Trost. — Geh, führ' ihn ein, doch sey,
Wie immer, wachsam! geh!

Selma ab.

FÜNFTER AUFTRITT.

MARDOCHAI. ESTHER.

Mardochai in einem sackähnlichen Gewande und mit Asche bestreut, tritt ernst und langsam ein.

Esther.

Willkommen, Mardochai! —

Stutzt.

Doch wie? — Was stellt das vor? So fremd von Tracht und Wesen!

Lächelnd.

Verzeiht! Ihr seyd doch nicht zur Mummerey gewesen?

Mardochai.

Ach, Esther! Als ein Mann ertrug ich meinen Schmerz;
Ich hoffte Rath bey dir — Dein Spott bricht mir das Herz.

Esther.

Was ist euch, guter Mann?

Mardochai strenge.

Verkennst du diese Hülle?

Esther.

Sie gleichet einem Sack von grobem —

Mardochai heftig.

Schweig', und fülle
Nicht deines Frevels Maſs! Dein Purpur sey verflucht!

Will ab.

Esther
ihn zurück haltend.

Ach, Oheim! Ihr habt mich so lange nicht besucht —
Und geht jetzt mit mir um, daſs mir ein kalter Schauer
Durch alle Glieder flieſst! Was that ich euch?

Mardochai gemäſsigter.

Die Trauer
Des Volks, dem du gehörst, Treulose, kennst du nicht?

Esther gutmüthig.

Ihr trauert, Freund? für wen?

Mardochai.

Dieſs offene Gesicht,
Die Unschuld dieses Tons versöhnt mich. Ich verzeihe
Den Irrthum.

Reicht ihr die Hand.

— Nein, mein Kind! — So trauert nur die Reue.
Wenn unsrer Sünden Last bis in die Wolken steigt,
Wenn knechtisch bange Furcht tief in den Staub uns beugt,
Wenn über unserm Haupt des Rächers Blitze schweben,
Und Leiden und Gefahr uns, wie ein Meer, umgeben —
Sühnopfer bringet dann und Thränen am Altar,
Gehüllt in dieſs Gewand, das Volk dem Himmel dar.

Esther bestürzt.

Was hör' ich? Traf mein Volk ein Unglück?

Mardochai.

Sanfte Seele!
Vernahmest du noch nichts vom grausamsten Befehle,
Den einem Wütrich je ein falscher Sklav' entriſs.

Esther.

Nichts. — Doch Gerüchte, Freund, sind immer ungewiſs.

Mardochai

zieht eine Rolle hervor, woran des Königs Siegel hängt.

Lies selbst! — Ich und mein Volk — wir sollen elend sterben.

Reicht ihr die Rolle; sie fängt an zu lesen und bebt.

Mardochai sie unterstützend.

Wenn deine Wangen sich im Lesen schon entfärben —
Wie wird dirs gehn, wenn nun das Mordfest selbst beginnt,
Und deiner Brüder Blut in allen Straſsen rinnt?

Esther.

Da stehe Gott mir bey!

Sie läſst die Rolle fallen, und sinkt auf den Sopha.

Mardochai.

Nein! eil' uns zu vertreten!
Bereite dich zum Werk durch Fasten und durch Beten!
Dann, wie am Hochzeitfest, durch jede Kunst verschönt,
Durchbalsamt, reich geschmückt, im Purpur und gekrönt,
Tritt vor des Königs Thron, und wirf dich ihm zu Füſsen,
Und sprich: „Monarch, wofür soll Jakobs Sippschaft büſsen?
Begehrest du ihr Gold? still reichen sie es her.
Allein der Tod — er fällt ja selbst dem Wurme schwer!
Nein! ehe sich dein Grimm in ihrem Blute bade,
Treff' er dein treues Weib; sie fleht für sie um Gnade."

Esther.

Der König schloſs sich ein; das bängste Schicksal droht
Dem, der sich zu ihm wagt; auch mir gilt dieſs Verbot.
Des Todes Priester stehn mit aufgehobnen Armen
Um seinen stillen Thron, und kennen kein Erbarmen,

Wenn nicht des Königs Herz ein Wink des Himmels lenkt,
Daſs sich dem Schuldigen der Zepter schonend senkt.

Mardochai
nach einer Pause, mit Bitterkeit.

Nichts übersteiget doch die List der Bösewichter.
Gebrochen ist der Stab, und eingesperrt der Richter,
Daſs seines Raubs gewiſs der Henker Haman sey.
Noch sprech' ich vom Komplot das Herz des Königs frey.
Mit eines Teufels List hat Haman ihn geblendet,
Und eigenmächtig dann der Rache Plan vollendet.
Nach mir nur trachtet er. Ich reitzte seine Wuth.
Durch mich, durch meine Schuld flieſst meines Volkes Blut.

Esther.

Mein Volk! mein armes Volk! ist niemand der dich schütze?

Mardochai.

Auf dir, auf dir allein ruht seine letzte Stütze.

Esther.

Was kann ein schwaches Weib, als Thränen ihm verleihn?

Mardochai strenge.

Schlich eitle Laulichkeit in deine Brust sich ein?
Schwand dein Vertraun auf Gott?

Esther.

Ach! er hat mich verlassen.

Mardochai.

Blick' aufs Vergangne hin, um neuen Muth zu fassen!

Esther.

Nein! ohne Rettung kämpft mit Fluth und Sturm ein Kahn.

Mardochai
in Begeisterung übergehend.

Gott hat der Wunder mehr durch Weibermuth gethan.
Er weiſs der Schwachheit Arm zu seinem Dienst zu stählen;
Er weiſs des Säuglings Mund mit Weisheit zu beseelen.
Vor seinem Schelten bebt die Erde, flieht das Meer;
Und Furcht und Grauen gehn vor seinem Blicke her.
Auf! nicht umsonst berief sein Rathschluſs dich zum Throne;

Geh und erringe dir noch eine schönre Krone!
Ein Judenmädchen ehrt die Welt als Königin;
Und ewig ehre sie ihr Stamm als Retterin!

Esther
steht auf; mit erhabner Resignation.

Wohlan! ich will zu Gott voll Inbrunst flehn, und fasten;
Gehorsam dann mit Kron' und Purpur mich belasten;
Der Spezereyen Duft will ich ins Haar mir streun,
Und meinen matten Reitz durch schnöde Kunst erneun.
Ich will die Heiligkeit des Thrones kühn verletzen —
Und mich zum erstenmahl dem König widersetzen —
Ich thue meine Pflicht, und geitze nicht nach Ruhm —
Und komm ich um, mein Freund — nun wohl! so komm' ich um.

Beyde auf verschiedenen Seiten ab; am Ausgange wenden sie sich wieder gegen einander, und umarmen sich; der Vorhang fällt.

Ende des dritten Akts.

VIERTER AKT.

Audienzsaal des Königs. Zur Rechten des Theaters ein goldner Thron auf drey Stufen, von dessen Himmel rings herum ein durchsichtiger Schleyer herab hängt.

ERSTER AUFTRITT.

AHASVER

auf dem Throne sitzend, mit Purpur, Krone und Zepter; zu beyden Seiten stehen Marschälle mit silbernen Stäben. Vier Sklaven von verschiedenen Nazionen liegen vor dem Throne, so daſs ihre Stirn die unterste Stufe berührt. Mehrere Groſsen des Hofs stehen auf jeder Seite des Saals, mit bloſsem Schwerte. Dem Throne gegen über ein brennender Altar in einer Nische; neben demselben knieen zwey Schwarze, mit Opferschalen, aus denen sie Weihrauch auf den Altar schütten. Den Ausgang in der Tiefe deckt ein seidener Vorhang; der Boden ist mit einem Teppich belegt.

Nach einer Pause EINZELNE STIMMEN auſserhalb des Theaters.

Erste Stimme schwach.

Zurück!

Die Hüter des Throns schlagen mit den Schwertern gegen einander. Die Marschälle stoſsen die Stäbe auf.

Zweyte Stimme stärker.

Zurück!

Wiederholung des vorigen Signals.

Dritte Stimme noch stärker.

Zurück von der geweihten Schwelle.

Zweyte Wiederholung des Signals.

ZWEYTER AUFTRITT.

ESTHER. ZOFEN. VORIGE.

Der Vorhang öffnet sich; Esther erscheint am Eingange, auf eine Zofe gestützt; die andere trägt ihr die Schleppe.

Erster Marschall
nach einer Pause.

Der Tod rauscht über dir!

Zweyter Marschall.

Und unter dir die Hölle!

Esther tritt standhaft in den Saal und geht bis an das hinterste Wächterpaar.

Erster Marschall.

Weh dir!

Alle Stimmen im Saal.

Weh dir!

Alle Stimmen im Vorzimmer.

Weh dir!

Esther geht wieder einige Schritte vorwärts.

Zweyter Marschall.

Sprichst du der Warnung Hohn?

Esther geht bis in die Mitte des Saals.

Erster Marschall.

Heil sey dem König!

Saal und Vorzimmer.

Heil!

Zweyter Marschall.

Und Rache seinem Thron!

Die Marschälle schlagen ihre Stäbe kreuzweise über einander; die Sklaven und Schwarzen springen auf, ziehen Dolche und zielen gegen Esther; die Hüter des Throns schliefsen einen Kreis um sie und kreuzen die Schwerter über ihrem Haupte.

Ahasver.

Wer ist der Rasende? Wer trotzt des Königs Grimme?

Esther.

Ich bin verloren — Gott!

Sinkt in der Zofen Arme.

Ahasver.

Welch eine sanfte Stimme!

Steht auf, beugt sich vor und schlägt den Vorhang des Throns aus einander.

Ists möglich? Esther selbst!

Eine Zofe.

Sie ringt mit Todesqual!

Ahasver.

Schont, rettet, tröstet sie!

Die Hüter des Throns lassen die Schwerter sinken, und treten in ihre vorige Ordnung zurück; die Sklaven eilen nach Hülfe.

Nein, deiner Augen Strahl,
Geliebte, müsse noch zu meinem Troste funkeln,
Wenn, von der Zeit umwölkt, die meinen sich verdunkeln.
Dein König, dein Gemahl, dein Ahasveros ruft.
Hör ihn und lebe!

Esther.

Ach!

Eine Zofe.

Sie schöpfet wieder Luft.

Ein Marschall.

Heil sey dem König!

Der ganze Saal und Vorsaal.

Heil!

Esther
die Augen aufschlagend.

Wo bin ich?

Ahasver.

Nah am Throne,
Deſs Hälfte dir gebührt.

Esther

richtet sich auf, und wankt vorwärts; die Zofen ziehen sich zurück.

O, groſser König, schone!
Verzeih!
Sie wirft sich vor dem Throne nieder.

Ahasver.

Ich dir verzeihn? Dir, Engel ohne Schuld?

Esther.

Erbarmer! sende mir das Zeichen deiner Huld!

Ahasver.

Wohlan! der Zepter, der die Völker einst nur schreckte,
Der Zepter, dessen Last oft Seufzer mir erweckte;
Den du zum Hirtenstab umschufest — neigt sich dir.

Alles fällt auf die Kniee.

Berühr' ihn, und steh auf!

Esther küſst den Zepter und steht auf, die Übrigen stehen gleichfalls auf.

Und nun entdecke mir,
Was für ein Schauder dich bey meinem Anblick faſste,
Daſs dir das Auge brach, und deine Wang' erblaſste?

Esther.

Wuſst' ich nicht, welch ein Bann dieſs Heiligthum umringt,
Welch Schicksal dessen harrt, der in das Innre dringt?
Und dennoch wich die Furcht dem stärkeren Verlangen,
Dich, Herr, zu sehn, dein Knie noch einmahl zu umfangen.

Nicht deiner Wächter Dräun, nicht ihrer Säbel
Wuth,
O, nur dein Blick, dein Ton betäubten meinen
Muth;
Denn einen Gott, umringt mit seiner Rache Blitzen,
Sah mein erschrockner Geist auf deinem Stuhle
sitzen.

Ahasver.

Sanft schmeichelt der Vergleich des Königs Eitel-
keit;
Allein den Gatten kränkt die bange Schüchternheit.
Seit wann erschein' ich dir in so furchtbarem
Lichte?
Trägt meiner Liebe Stamm für dich so bittre
Früchte?
Ist nicht die Königin mein liebster Unterthan?
Darf ihrem Ahasver nicht Esther zwanglos nahn?
Ihm, der ohn' Unterlafs auf ihr Vergnügen sinnet,
Ihm, dem ihr Lächeln nur ein Lächeln abgewinnet!
O! du, vor der schon längst des Thrones Schran-
ke schwand,
Du, die den treusten Pfad zu meiner Seele fand,
Dich fesselt kein Verbot, dir winket jede Stunde.

Esther
sich auf seine Hand mit Rührung beugend.

Mein König und Gemahl!

Ahasver.

Auf deinem Rosenmunde
Schwebt ein Geheimnifs. Komm, entfalte mir dein Herz!

Er steigt vom Thron und giebt das Zeichen sich zurück zu ziehen. Die Grofsen stellen sich zu beyden Seiten des Ausgangs, die Marschälle einen Schritt weiter vor; die Zofen stehen am Ausgange.

Esther.

Du bist die Grofsmuth selbst!

Ahasver
nimmt sie bey der Hand.

Nagt dich ein stiller Schmerz?

Esther.

Darf deine Magd an dich wohl eine Bitte wagen?

Ahasver.

Wie könnte dein Gemahl dir einen Wunsch versagen?

Esther.

Demüthig lad' ich dich zu einem schlichten Mahl
Auf morgen Mittag ein in meinem Gartensaal.

Ahasver.

Ich bin dir ungemein für diesen Ruf verpflichtet;
Allein die Bothschaft hätt' ein Kämmerling verrichtet;
Warum bemühst du dich in eigener Person?

Esther.

Reich spendet mir dein Blick der kleinen Mühe Lohn.

Ahasver.

Du konntest ein Billet —

Esther.

Dem ungeübten Weibe
Gehorcht die Feder nicht.

Ahasver.

Wohl! zähl' auf mich! Ich bleibe
Gewiſs nicht aus.

Esther.

Du krönst durch diese Gunst mein Glück.

Ahasver.

Die Ehre, die du rühmst, fällt auf mich selbst zurück.

Esther.

Ach, Herr! verstoſs' auch ich nicht gegen Brauch und Sitte,
Wenn ich noch einen Freund zu diesem Feste bitte?

Ahasver befremdet.

Wen?

Esther.

Deinen Haman. — Doch wenn dir mein Wunsch zu kühn —

Ahasver.

Nein, lad' ihn ein! — Doch halt! —

Vor sich.

Wie? wenn ich selber ihn —
Der Fall ist mir nicht klar —

Laut.

Ich will den Marchall fragen —
Dir soll das Resultat ein Stabsvertrauter sagen.

Einen Schritt zurück tretend.

Genug, wir stellen gern uns ein zu deinem Schmaus,
Und bleiben dir geneigt.

Nickt ihr feyerlich zu.

Erster Marschall.

Die Audienz ist aus.

Der König steigt wieder auf den Thron. Esther entfernt sich nach drey Kniebeugungen. Die Zofen tragen ihr die Schleppe. Die Marschälle salutiren mit den Stäben; die Übrigen mit dem Schwerte. Esther geht ab.

DRITTER AUFTRITT.

Zimmer in Hamans Hause. OSMIN mit zwey Schwarzen, die einen Tisch tragen, worauf eine Collazion, nebst ein Paar brennenden Girandolen steht. Hierauf SERES, geführt von MEHUMAN und im Gespräche begriffen.

Seres
im Tone der Bejahung.

Nach Rom! — Den weiten Weg soll mir mein Zweck versüſsen.

Mehuman verwundert.

Nach Rom?

Seres.

Und lege selbst mein Werk dem Papst zu Füſsen.

Mehuman
noch mehr verwundert.

Was?

Seres mit Begeisterung.

Ja, der Vatikan, er sey mein Helikon! —
Stieg aus Liebhaberey Christine nicht vom Thron,
Und floh nach Rom, und warf sich in den Arm der Musen?
Längst trag' auch ich nur Kunst und Wissenschaft im Busen;
Und Hof — und Thron! mir däucht, es ist derselbe Fall.

Mehuman.

Schön! Da besuch' ich euch im nächsten Carneval.

Sie setzen sich und fangen an zu essen; Mehuman öffnet eine Bouteille Sekt.

Seres.

O, Thorheit, nach Kredit und Wirkungskreis zu streben! —
Ruh ist das höchste Gut. Jetzt schmeck' ich erst das Leben. —
Die Musen — und ein Freund!

Mehuman indem er trinkt.

Und solch ein Gläschen Wein!

Seres.

Was ich verlor, ist — Tand. Nie tauscht' ichs wieder ein. —
Wie plagt sich nicht mein Mann! Jetzt träumt er nichts als — Juden.

Mehuman.

Ich weiſs, wie seinen Haſs die Schurken auf sich luden.

Seres.

Auch daſs im ersten Zorn er Allen Rache schwur?

Mehuman.

Schon recht! Die Juden sind der Abschaum der Natur,
Und —

Seres einfallend.

Still!

Sie horcht,

Wer kommt? — Er selbst? — Er ists! — Er geht geschwinder,
Als sonst — Was hat er vor?

VIERTER AUFTRITT.

HAMAN. VORIGE.

Haman
tritt eilfertig, erhitzt, aber freundlich ein.

Ah! guten Abend, Kinder! —

Mehuman steht auf und verbeugt sich tief,
Seres nickt Haman zu.

Stör' ich ein Rendezvous?

Seres.

Wie fällt der Spaſs dir ein?

Mehuman
leicht zu Haman.

Ihr' Excellenz sind wohl?

Haman.

Vor allen Dingen Wein!

Mehuman schenkt ihm ein, er trinkt hastig.

Jetzt hört, und freuet euch! In dreymahl zwanzig Stunden
Schlägt man sie Alle todt — todt — todt, gleich tollen Hunden.

Mehuman freudig.

Vortrefflich! Alle?

Haman.

Ja!

Mehuman.

Und All' an Einem Tag?

Haman.

Ja!

Seres empfindsam.

Das ist schauervoll!

Haman
sich auf den Bauch klopfend.

Ihr seht, was ich vermag!
Durch Felsen ging mein Weg; Schweiſs kostete die Mine.
Verschrieben von Paris ist schon die Guillotine.
Sie kommt mit Extrapost in dreyen Tagen an.
Dann schaut! mit Einem Schnapp sind hundert abgethan.
Trinkt wieder.

Mehuman.

So kann man bis dahin getrost auf Wechsel borgen?

Seres.

Die Policey wird doch für tiefe Gräber sorgen?

Mehuman.

Ihr seyd ein groſser Mann! Das ist ein Meisterstück
Von Politik!

Seres halb spöttisch.

Ja, ja! du hast in Allem Glück.

Haman.

Wahr! über mein Gestirn darf ich mich nicht beklagen.
Und doch — doch wurmt mir noch die Frist von dreyen Tagen!

Mehuman
mit dem Glas in der Hand.

Zum Glückwunsch bring' ichs euch; und bitt' um euern Schutz.

Haman
mit einer Protectionsmiene.

Fest steht er unter uns der Bund zu Schutz und Trutz.

Sie stoſsen zusammen an und trinken.

Ist erst der Mardochai und sein Gezücht geschlachtet,
So hat mein sattes Herz nichts mehr, wornach es trachtet.

Der Krone Flittertand gönn' ich dem König gern.
Ich habe seine Macht; ich bins — er spielt den Herrn.
Mein Nahme wird genannt, der seinige vergessen. —

Trinkt wieder.

An Reichthum kann mit mir sich kein Privatmann messen.
Der prächtigste Palast! — Die schönste Stuterey! —
Landgüter, Förste, Parks — wie viel? fällt mir nicht bey. —
Und Schmuck und Geld, wie Stroh! — Und eine weiland schöne —
Jetzt kluge — kluge Frau! Und zehn galante Söhne —
Von denen jeder schon in einer Klasse sitzt,
Und an der Feder kaut, und über Büchern schwitzt.

Seres.

Ja, ihre Bücher sind Wein, Spiel und Tanz und Liebe!

Haman.

Die Jugend will ihr Recht. Laſs mir die Tagediebe!
Bald stehn sie um mich her als Landesstützen da.

Seres.

Wie ginge das denn zu?

Haman.

Bin ich nicht ihr Papa?

Mehuman vor sich.

Dummdreister prahlet nicht ein Stümper vom Professor!

Haman.

Der Erstgebohrne wird, wie billig, mein Successor —
Versteht sich wohl, wenn satt vom Saus und Braus der Welt
Mir der Commandostab aus müder Hand entfällt.
Feldhauptmann wird mein Og, mein Bakbuk Oberbecker,
Abilod Oberschenk — Thill Obertafeldecker,
Nephusin Kanzler — kurz, kein fettes Ämtchen sey
Am Hof, beym Militär und in der Klerisey,
Worin nicht einst ein Sohn, ein Enkel von mir prange.
Und hätt' ich hundert — mir wär' um ihr Glück nicht bange.

Seres.

Mir machen diese zehn den Kopf schon allzu warm.
Das summt! das braust! das tobt, als wie ein Bienenschwarm!

Haman.

Du nimmst es zu genau, und hast zu feine Nerven.
Wir wollen ihrethalb uns jetzt nicht überwerfen.
Nicht wahr, Herr Freund vom Haus, die Jungen
sind doch gut?

Mehuman.

O, allerliebst!

Haman
das Glas nehmend.

Stoſst an! — Frau Seres, ihre Brut! —

Seres hält die Hand vor, als ob sie gähnte.
Sie trinken.

Nun, alte Henne, man bedankt sich.

Seres spöttisch.

Alte Henne!
Wie blumenreich! wie fein!

Haman halb verdrieſslich.

Wenn ich dich also nenne,
So ehrt es dich und mich; und wehe dem, ders
wagt
Die Lippe zu verziehn! —

Steht auf.

Madam — ich bin versagt
Auf morgen — zum Diner.

Seres.

Doch wohl bey meiner Schwester?
Sie rechnet fest auf uns.

Haman.

Geh hin! —

Hingeworfen.

Ich bin bey Esther.

Seres und Mehuman.

Wie? bey der Königin?

Haman wichtig.

Mit Seiner Majestät,
Dem König! — Ich allein! — Im Lusthaus!

Seres.

Ey! da geht
Was ganz Besondres vor!

Mehuman.

Viel Glück zu dieser Ehre!

Haman etwas benebelt.

Ach, Kinder! wenn nur nicht der alte Jude wäre?
Durch nichts mehr wird mein Herz zum Frohsinn angefacht,
So lange Mardochai mir in das Fäustchen lacht.

Was hier

aufs Herz schlagend

mich brennt — das kühlt sich nur in seinem Blute.

Kann ich — o! denkts euch selbst — kann ich mit heiterm Muthe

Zu Esthers Feste gehn, wenn er im Vorhof sitzt,

Und mir die Zähne weist?

Seres.

Du bist vom Wein erhitzt.

Schlaf aus!

Haman.

Wenn Mardochai mich schlafen liefs' —

Seres.

Ih! mache

Dir eine sanfte Nacht! — Was säumet deine Rache?

Signirt hat der Monarch der Juden Tod? Genug!

Der Alte geht voran.

Haman.

Weib! du bist wahrlich klug.

Seres.

Liegt nicht im Hofe noch der Baum von hundert Ellen?

Haman.

Warum?

Seres.

Du liefsest ihn zum Gartensaale fällen?
Weih ihn zum Leuchtenpfahl, und schnelle diese Nacht
Den Graubart in die Luft!

Haman.

Vortrefflich ausgedacht!

Zu Mehuman.

Allons! die Hand ans Werk! Ihr helft mir, Freund? —

Mehuman.

Recht gerne!

Beyde

im Abgehen schreyend.

Fort mit dem Mardochai! fort mit ihm zur Laterne!

Beyde ab.

FÜNFTER AUFTRITT.

SERES

allein, ihnen mit Erstaunen nachblickend.

Ist er berauscht? — verrückt? — Lacht er mir ins Gesicht?
Versteht er wirklich sich auf Persiflage nicht? —

Ich lafs' ihn gehn — dafs erst die ewige Trophée
Von Weiberpetulanz und Männereinfalt stehe!
Dann, armer Mardochai, werd' ich dein Schutz-
patron. —
Zwar ists nur Galgenfrist — du kommst doch nicht
davon. —

Empfindsam.

Das ganze Judenvolk? Auf Einmahl? In drey
Tagen? —

Nach einer Pause.

Man denk' als Philosoph: Ihr Stündchen hat ge-
schlagen.

Ende des vierten Akts.

FÜNFTER AKT.

ERSTER AUFTRITT.

AHASVER, hernach CARBONA.

Schlafzimmer des Königs, von einer in der Mitte schwebenden Lampe erleuchtet. Ein Sopha von rothem Damast mit einem Thronhimmel; daneben ein Tabouret und ein niedriger Tisch, worauf eine antike Lampe, ein Becher und eine Klingel stehn. Gegen über ein Lesepult, worauf ein aufgeschlagener Foliant liegt. Neben demselben ein Sessel; auf dem Boden zerstreute Blätter Papier.

Ahasver

in einem langen weiten Gewande auf dem Sopha liegend und mit einer leichten Decke von dem Stoffe des Sopha zugedeckt; er wirft sich ächzend herum.

Umsonst — mein Schlaf ist hin.

Richtet sich auf und klingelt.

Carbona tritt ein.

Ruft mir den Astrologen!

Carbona ab.

ZWEYTER AUFTRITT.

AHASVER allein.

Ob seines Gleichen schon mich hundertmahl betrogen;
Spricht doch, wenn Angst mich quält, ein alter Hang für ihn,
Und heifst zu seinem Rath mich aus Gewohnheit fliehn. —
Er wird sein graues Haupt bey der Erzählung wiegen —
Vielleicht die Einsamkeit, in der ich schmachte, rügen.
Und warum schränkt' ich auch mich selbst so kindisch ein?
Wär' ich kein Sonderling, so schlief' ich nicht allein.
Ja, wenn auch übrigens Kebsweiber wenig nützen;
Genug, dafs sie uns oft vor bösen Träumen schützen.

DRITTER AUFTRITT.

CARBONA. Dann BELSATZAR. AHASVER.

Carbona.

Beschäftigt fand ich ihn mit deinen Horoskop.
Flugs liefs er Alles stehn, und folgt mir im Gallop.

Belsatzar tritt athemlos und keichend ein.

Ahasver.

Wie, Alter? Kommst du schon?

Belsatzar.

O, zürnt nicht, daſs ich keiche!
Ich bin der Jüngste nicht.

Ahasver.

Was machst du auch für Streiche?
Wer hieſs dich laufen?

Belsatzar
indem er dazwischen hustet.

Ach, Herr — ich bin scheu gemacht —
Dein Vater — tröst' ihn Zevs! — rief mich einst auch bey Nacht —
Ich lieſs ihn warten — da bekam ich — o! der Husten! —
Die Knute — Jahr und Tag an beyden Sohlen Krusten —
Dick, wie mein Daumen —

Hustet.

Ahasver zu Carbona.

Reich' ihm meinen Mandeltrank!

Carbona reicht Belsatzarn den Becher.

Belsatzar
nachdem er getrunken hat.

O, beyspiellose Huld! — Im Auge glänzt mein Dank —
Du schenkst mir neue Kraft — jetzt tanz' ich auf die Baare.

Carbona ab.

Ahasver.

Du bist wohl ziemlich alt?

Belsatzar.

Ich? — Nur fünf hundert Jahre.

Ahasver.

Nur? Ey mit diesem Nur nähm' ich fürwahr vorlieb!

Belsatzar.

Fünf hundert Tage sinds; die Zeit läuft, wie ein Dieb.

Ahasver.

Mich hat ein Traum erschreckt.

Belsatzar.

Willst du mir ihn entdecken?
Der Scharfsinn meiner Kunst verbannt vielleicht dein Schrecken.

Ahasver.

Ich streckte, kam mirs vor, in Esthers Sommerhaus
Zu sanfter Mittagsrast mich auf dem Faulbett aus.
Doch kaum dafs Morpheus mich mit seinem Stab berührte,
So knisterte mein Pfühl, als ob ich Mäuse spürte.
Vom Schlummer übermannt, acht' ich der Ahndung nicht;
Husch! läuft mirs sanft und warm quer über mein Gesicht —
Schlaftrunken fahr' ich auf — da spielt auf meinem Kissen
Ein weifses Mäuschen — ach! so weifs, so zart — zum Küfsen!
Ich will es haschen — schwer, wie Bley, ist mir die Hand —
Und — Götter! wer beschreibt das Graun, das ich empfand? —
Verstrickt um meinen Arm in hundert tausend Knoten
Lag eine Schlange — kalt und starr, gleich einem Todten,
Sank ich zurück, und schrie — und ward im Schreyen wach —
Und fand mich unverletzt in meinem Schlafgemach. —
Läfst sich von diesem Traum wohl eine Deutung machen?

Belsatzar.

Auf welcher Seite lag mein König beym Erwachen?

Ahasver.

Auf keiner.

Belsatzar.

Auf dem Bauch?

Ahasver.

Nein.

Belsatzar.

Auf dem Rücken?

Ahasver.

Ja.

Belsatzar.

Vor Mitternacht?

Ahasver.

Kann seyn.

Belsatzar.

Verzeih! Der Kabala
Gilt dieser Umstand viel.

Ahasver.

Mein Kämmerling wirds wissen.

Belsatzar.

Dein Bett stand?

Ahasver.

Wie es steht.

Belsatzar.

Und wie viel sind der Kissen,
Worauf du ruhst?

Ahasver.

Sieh nach!

Belsatzar
zählt die Kissen.

Eins, zwey, drey, vier. — Befiehl
Ein fünftes! Nur zu gern treibt Ariman sein Spiel
Mit runder Zahl.

Ahasver.

Und du scheinst es mit mir zu treiben.
Wie lange willst du mir die Antwort schuldig bleiben,
Nach der mein Herz verlangt?

Belsatzar.

Gut Ding erfodert Zeit.
Du ahndest nicht, Monarch, des Traumes Wichtigkeit.
Drey Tage gönne mir, ihn gründlich auszulegen!
Nur so viel seh' ich klar — sein Inbegriff ist Segen.

Langsam und feyerlich.

Die Maus ist das Symbol wachsamer Häuslichkeit;
Am Bild der Schlange klebt Trotz und Verschlagenheit;
Wiewohl die Schlange gern in Rosenbetten brütet,
Ruht sicher doch ein Fürst, den fromme Treue hütet. ab.

VIERTER AUFTRITT.

AHASVER allein, nachher CARBONA.

Ahasver

legt sich zurück, wird wieder unruhig, und stützt den Kopf auf seinen Arm.

So lebhaft fühlt' ich nie des Thrones Eitelkeit.
Jetzt reitzt der ärmste Sklav in Susa meinen Neid:
Versenkt in süfsen Schlaf, vergifst er seine Fesseln;
Ihn kühlt sein harter Stein — mich brennt die Flaum, wie Nesseln.

In heftiger Bewegung.

Das tobt in meinem Kopf, als wären Schlang' und Maus

Hinein geschlüpft. — Den Schmerz halt' ich nicht länger aus.

Er klingelt.

Carbona tritt ein.

Den Leibarzt!

Carbona ab.

Fluchen wird er wohl, daſs ich ihn wecke.
Ob ich ihm meiner Angst geheimen Grund entdecke?
Er ist ein Philosoph — Ein Grieche! — Diese Herrn
Verlachen Ahndungen und Traumgesichter gern.
Unglaube, Zweifelsucht ist ihnen — Geistesgröſse.—
Nein, Freund Hippocrates, ich geb' ihm keine Blöſse.
Er schreibe sein Recept und —

FÜNFTER AUFTRITT.

HIPPOCRATES. AHASVER, nachher CARBONA.

Hippocrates im Eintreten.

Ihro Majestät!

Ahasver.

Ah! kommt er schon?

Hippocrates.

Wie gehts dem König?

Ahasver.

Wie mirs geht?
Erbärmlich, Herr! — Ich kann nicht schlafen.

Hippocrates.

Ich beklage.
Kein Wunder! Ein Monarch hat allzu gute Tage.

Ahasver.

Herr Leibarzt — ich bezahl' ihm seine Weisheit nicht.
Mir helfen soll er.

Hippocrates.

So erfodert meine Pflicht,
Erst nach des Übels Sitz zu forschen.

Nähert sich.

Ahasver
reicht ihm die Hand.

Meinethalben.

Hippocrates
der ihm den Puls befiehlt.

Was haben Sie soupirt?

Ahasver.

Nichts.

Hippocrates verwundert.

Nichts?

Ahasver.

Zwo junge Schwalben.

Hippocrates.

Und dann?

Ahasver.

Ein Frikassee von Papageyn.

Hippocrates.

Und dann?

Ahasver.

Sonst nichts.

Hippocrates.

Sonst nichts?

Ahasver.

So viel ich mich besinnen kann.

Hippocrates.

Unmöglich!

Ahasver
nach einer Pause.

Er hat Recht — Noch ein Paar hundert Muscheln.

Hippocrates.

Die mögen artig jetzt in Dero Magen ruscheln.
Geduld! da nehmen wir ein kleines Vomitiv.

Ahasver.

Das nehm' er nur allein!

Hippocrates.

Ziehn Sie den Mund nicht schief!
Ich wills der Majestät schon appetitlich machen.

Ahasver.

Mich plagen laſs' ich nicht. Schaff' er mir was zu lachen;
Das ist die beste Kur.

Hippocrates kalt.

Ich bin kein Hofnarr.

Ahasver halb ernsthaft.

Du!
Man schnürt der Insolenz hier leicht die Gurgel zu.

Hippocrates lächelnd.

Mich — braucht man.

Ahasver.

Hätt' ich ihn nur nicht mit schweren Kosten —

Hippocrates.

Zu Füſsen leg' ich gleich mit Freuden meinen Posten,
Und fliege nach Athen.

Ahasver
nach einer Pause, sanfter.

Dort blühn die Studia?

Hippocrates spöttisch.

Man sagts.

Ahasver.

Er hörte wohl nicht viel Collegia?

Hippocrates.

Was in mein Fach gehört.

Ahasver.

Und weiſs nicht wie man Kranken
Die Zeit vertreibt!

Hippocrates.

Die Kunst liegt aufser meinen Schranken.

Ahasver.

Grundfalsch! Beym Leibarzt kommt sehr viel aufs Mundwerk an.

Hippocrates.

Das überlafs' ich gern dem seichten Scharlatan.

Ahasver.

Mir däucht, er schickt sich nur, Philister zu kuriren,
Nicht Fürsten, oder Fraun. — Wie stehts ums Accouchiren?

Hippocrates.

Fremd bin ich nicht darin.

Ahasver.

Mach' er sein Meisterstück
An einem Königssohn!

Hippocrates.

Ach, wollte das mein Glück!

Ahasver.

Für jetzt schaff' er mir Schlaf!

Hippocrates.

Wie kann mir das gelingen,
Wenn Sie —

Ahasver ungeduldig.

So mag ein Weib mich in den Schlummer
singen!

Er klingelt.

Carbona tritt ein.

Man rufe Fatmen her mit ihrem Saitenspiel!

Carbona ab.

Hippocrates.

Diefs Mittel setzt gewifs der Agrypnie ein Ziel. —
Und ich empfehle mich.

Ahasver.

Er bleibt, um zuzuhören!

Hippocrates.

Ich fürchte, das Konzert durch mein Geräusch zu
stören.

Ahasver.

Kann er nicht stille seyn?

Hippocrates.

Nein, thät' ich mir auch Zwang —
Schlaf — bis zum Schnarchen macht mir jeglicher Gesang.

Ahasver launig.

Man setze sich!

Hippocrates setzt sich in den Sessel.

SECHSTER AUFTRITT.

CARBONA. FATME. VORIGE.

Carbona
zieht Fatmen herein.

Nur zu!

Fatme ängstlich.

O, Zevs! um diese Stunde!

Carbona ab.

Ahasver.

Komm, wir erwarten Schlaf aus deinem schönen Munde,
Ich und mein Arzt. Laſs sehn, was du vermagst! fang' an!

Fatme.

Was für ein Lied?

Ahasver.

Ein Lied — wobey man schlafen kann. —
Gleichviel! — Ein Wiegenlied!

Fatme geziert.

Sir' — ich bin keine Amme.

Ahasver.

Wie, Miſs Bescheidenheit? Sie ziert sich? Zevs verdamme
Den jungfräulichen Prunk! — Das Wiegenlied, das ich
Vor kurzen Esthern gab! — Du weiſsts! Besinne dich!

Fatme
singt und spielt auf der Guitarre.

Schlafe, mein Prinzchen! es ruhn
Schäfchen und Vögelchen nun;
Garten und Wiese verstummt;
Auch nicht ein Bienchen mehr summt;

Luna mit silbernem Schein
Gucket zum Fenster herein.
Schlafe beym silbernen Schein,
Schlafe, mein Prinzchen, schlaf' ein!
Schlaf' ein! schlaf' ein!

Hippocrates schläft beym Anfange des Gesanges ein; Ahasver belustigt sich damit, ihn zu beobachten; zwischen den Strophen hört man jenen schnarchen, und diesen lachen.

Auch in dem Schlosse schon liegt
Alles in Schlummer gewiegt;
Reget kein Mäuschen sich mehr;
Keller und Küche sind leer.
Nur in der Zofe Gemach
Tönet ein schmelzendes Ach.
Was für ein Ach mag das seyn?
Schlafe, mein Prinzchen, schlaf' ein!
Schlaf' ein! schlaf' ein!

Wer ist beglückter, als du?
Nichts als Vergnügen und Ruh!
Spielwerk und Zucker voll auf;
Und noch Karessen im Kauf!
Alles besorgt und bereit,
Dafs nur mein Prinzchen nicht schreyt!

Was wird das künftig erst seyn?
Schlafe, mein Prinzchen, schlaf' ein!
Schlaf' ein! schlaf' ein!

Hippocrates
fährt nach einer kleinen Pause schlaftrunken zusammen.

Wer schickt? — Wer? — Gleich!
Reibt sich die Augen.
Wo bin ich denn? —

Ahasver.

In meinem Zimmer.

Hippocrates
sinkt wieder zurück.

Ich komme —
Schließt die Augen wieder.

Ahasver.

Fahr' ihm doch mit dieser Lampe Schimmer
Dicht ins Gesicht!

Fatme nimmt die Lampe und leuchtet dem Hippocrates ins Gesicht.

Hippocrates
springt erschrocken auf.

Was ists?

Ahasver lachend.

Ein Spafs.

Hippocrates
kommt ganz zu sich.

Ich schäme mich —

Ahasver launig.

Ich bin ihm obligirt.
Zu Fatmen.
Geh! Fatme ab.

Hippocrates.

Wie befindet sich
Die Majestät? Mir däucht, viel muntrer.

Ahasver.

Gar zu munter. —
Ich liege schlecht. — Schieb' er mir noch ein Kissen unter! —
So! — Jetzt erzähl' er was!

Hippocrates.

Mir fällt nichts neues ein!

Ahasver.

Ey, was! erzähl' er nur! Es braucht nicht neu zu seyn.

Hippocrates
der ein gedrucktes Papier aufgehoben hat.

Das Nagelneueste find' ich hier auf der Erden. —
Die Exhofmeisterin will nächstens Autor werden.

Liest.

„Ankündigung eines neuen historisch-moralisch-politisch-litterarischen Werkes zur Erbauung, Belehrung und Aufheiterung aller Fürsten sammt und sonders in allen fünf Welttheilen, unter dem Titel:

Geschichte des alten Hofs zu Susa,

von der Exhofmeisterin Seres, Satrapin von Haman, gebornen Dynastin zu Babel.

Ahasver.

O, still! Das ganze Weib ist eine Rapsodey
Von Thorheit, Afterwitz und Egoisterey.
Sie spricht vom alten Hof; ist denn mein Hof veraltet? —
Was liegt dort für ein Buch auf meinem Pult entfaltet?

Hippocrates.

Ein Manuskript.

Ahasver.

Ganz recht, es ist die Chronika.

SIEBENTER AUFTRITT.

HASSAD. VORIGE.

Hassad

der eine Zeit lang an der Thür gelauscht hat, tritt ein.

Und ungerufen steht dein Lektor auch schon da.

Ahasver.

Bist du ein Mage? Kannst du meinen Wunsch errathen?

Hassad.

Ich hörte, du seyst krank.

Ahasver.

Komm, lies aus meinen Thaten
Mir ein Kapitel vor!

Zu Hippocrates, der sich wegschleichen will.

Bleib er zu seiner Pein!
Doch schlaf er mir nicht auch bey meinen Thaten ein.

Hippocrates.

O, Mährchen hör' ich gern.

Ahasver
drohend mit dem Finger.

Herr Leibarzt, es sind Mähren —
Nicht Mährchen. Nichts ist wahr, wenn sie nicht Wahrheit wären?
Der Bonze trägt sie ja vor meinen Augen ein.

Hippocrates.

Just darum können sie nicht unverfälschet seyn.
Tief muſs man vor dem Thron im Morgenland sich bücken.
Gerade Wahrheit wohnt dem König hier im Rücken;
Hier hält sie nur erst spät an seinem Sarg Gericht.
So lange wartet sie im Occidente nicht.

Ahasver betroffen.

Fehlts dort an Policey?
Zu Hassad.
Lies!

Hassad.

Was für ein Kapitel?

Ahasver.

Sie sind mir alle gleich; den ersten besten Titel!

Hassad

liest mit dorfschülermäſsigem Ton und Accente.

„Das 648ste Kapitel aus dem 1486sten Buche der Chronika.

Wie der König Vasthi verstieſs, und ein Gebot ausgehen lieſs in seinen Landen, daſs die Weiber sollen unterthan seyn ihren Männern, und wie er errettet ward aus groſser Gefahr.

Und es geschah im achten Jahr der Regierung Ahasveros, der da König ist von India bis Mohren, und herrscht über 127 Länder, im Monat Ader, daſs er Vasthi verstieſs wegen ihres Stolzes; denn sie war sehr stolz; und schickte Läufer aus in alle Lande; und die Läufer liefen und sagten an, was ihnen der König geboten hatte. — Es lautete aber des Königs Gebot also: Siehe, ich habe Vasthi, mein Weib, verstoſsen wegen ihres Stolzes, und sie soll mein Angesicht nicht mehr sehen, weil sie stolz war, und nicht thät, wie der König ihr Herr geboten hatte. Und das soll ein Gesetz seyn der Perser und Meder, welches niemand übertreten darf. Jedes Weib soll unterthan seyn ihrem Mann, als ihrem Herrn, und seinen Willen thun, und nicht widerbellen. Die aber widerbillt, versündigt sich an ihm, und soll von ihm geschieden werden wegen ihrer Widerspenstigkeit, wie der König mit Vasthi gethan hat, weil sie stolz war. — Und da die Männer dieſs hörten, freuten sie sich sehr, und sagtens ihren Weibern an, daſs sie ihnen unterthan wären nach des Königs Gebot. Aber die Weiber entsatzten sich und wurden zornig, und sie nahmen es nicht zu Herzen, sondern thäten, was ihrem Herzen gelüstete, eine jegliche, wie vorhin.

Da waren aber zwey Männer, des Königs Kämmerlinge, die an der Schwelle hüteten, und hieſsen Thamar und Theres; die waren Vasthi's Schwäher; und ergrimmten in ihrem Herzen, daſs der König Vasthi verstoſsen hatte. Und hielten Rath mit einander, wie sie den König tödten wollten, und sprachen zu einander: Laſst uns Vasthi's Schmach rächen, unserer Schwäherin, und den König tödten, weil er sie verstoſsen hat, wenn er schlafen gegangen ist, und seine Augen das Licht nicht sehen. Auf daſs ferner kein König sey im Lande, und alles Volk uns unterthan werde und denen so mit uns halten. Und wir halten Gericht an seiner Statt, und theilen seine Schätze, und legen seine köstlichen Kleider an, und leben in Herrlichkeit und Freude unser Leben lang.

Da war aber ein Jüde, aus dem Stamm Isaschar, der hieſs Mardochai, ein Sohn Zair, des Sohnes Simei, des Sohnes Kis, des Sohnes Simei. Der hatte sich verborgen in einem Kämmerlein, und hatte den Rath gehört, den die Kämmerlinge gepflogen hatten. Der ging hin zu dem Könige, und sagte ihm an, und sprach: Herr König, Gott verleihe dir langes Leben, dafs deine Feinde fallen mögen vor deinem Grimm, und mögen dir zum Schemel deiner Füfse dienen. Denn deine Weisheit ist grofs und strahlet, wie die Sonne, und deines Wohlthuns ist kein Ende. Aber wilde Thiere haben dich umgeben, und giftige Nattern zischen um deine Fersen. Siehe! Thamar und Theres, deine Kämmerlinge, welche an der Schwelle hüten, haben Böses gegen dich im Sinne, und trachten, wie sie dich tödten wollen. Da erschrak der König, und sprang auf von seinem Stuhle, auf dem er gesessen hatte, und raufte seine Haare, und rief zu sich seine Gewaltigen, und sprach zu ihnen: Was soll man dem thun, der nach des Königs Leben trachtet? Und die Ersten unter ihnen riefen: Er ist des Todes schuldig. Als aber die Reihe kam an Thamar und Theres, dafs sie reden sollten, so redeten sie, und sprachen: Wer solche Missethat thut, und trachtet dem König nach dem Leben, der werde an einen Baum gehenkt, und sein Leichnam werde den Vögeln zur Speise gegeben, dafs sich an seinem Aase scheue, wer vorüber geht. Da sprach der König: Euch geschehe, wie ihr gesagt habt; und befahl seinen Dienern, dafs sie die Kämmerlinge greifen sollten, und sollten sie aufhenken, den einen gen Morgen, den andern gen Abend. Und die Diener thäten, wie der König geboten hatte."

Ahasver.

Verlöscht aus meinem Sinn war diese Menterey.
Da wischt' ich durch! — Wie hieſs mein Retter?

Hassad.

Mardochai,
Ein Jude.

Ahasver.

Und was ist des Juden Lohn gewesen?
Das lies mir doch noch vor!

Hassad.

Davon ist nichts zu lesen.
ab.

ACHTER AUFTRITT.

AHASVER. HIPPOCRATES.
Nachher CARBONA.

Ahasver.

Er ist vermuthlich todt.

Hippocrátes.

O nein!

Ahasver.

Er lebt?

Hippocrates.

O ja!

Ahasver.

Doch fern und unbekannt?

Hippocrates.

Nein, Ihrem Blick so nah,
Als möglich.

Ahasver.

Kennst du ihn?

Hippocrates.

In Ihrem weiten Reiche
Ist keiner seines Volks, der ihm an Tugend gleiche.

Ahasver.

Doch warum kam der Mann mir niemahls wie-
der vor?

Hippocrates.

Er sitzet jeden Tag an Ihres Vorhofs Thor.

Ahasver.

Wie?

Hippocrates.

Hat noch heute früh auf seiner Bank gesessen,
Als Sie am Fenster —

Ahasver schnell.

Der? — Den hätt' ich so vergessen?

Hippocrates.

Man sagt wohl, daſs der Fall am Hof nicht selten ist,
Daſs man den Mann zugleich mit seinem Dienst vergiſst.

Ahasver klingelt.

Carbona tritt ein.

Ruft Haman!

Carbona ab.

Zu Hippocrates.

Du, schlaf' aus und sprich nicht mehr vom Reisen!

Hippocrates geht; Ahasver ruft.

Heh! noch ein Wort! — Ich soll bey Esthern morgen speisen.

Halt' er sein Vomitiv auf jeden Fall bereit —
Und nehm' er diesen Ring für seine Biederkeit!

Zieht einen Ring vom Finger, und reicht ihn hin.

Hippocrates
küfst den Ring und steckt ihn an.

Wohl stünd' es um die Welt, wenn in schlaflosen Nächten
Monarchen ihrer Pflicht so ernst, als du, gedächten.

ab.

NEUNTER AUFTRITT.

HAMAN. AHASVER.

Haman tritt ein.

Bestürzt vernehm' ich, Herr, dafs dich der Schlummer flieht.

Ahasver.

Verzeih nur, dafs so früh dein König dich bemüht!
Komm, meine rechte Hand! komm, meines Kabinettes
Orakel! setze dich zum Haupte meines Bettes!
Entschleufs mir diesen Mund, wo tiefe Weisheit wohnt;
Und lehre mich, o! Freund, wie ein Monarch belohnt!

Ja, sprich, was thätest du dem Biedermann für Ehre,
Den ich vor aller Welt zu ehren Willens wäre?

Haman vor sich.

Wen meint er sonst, als mich? Mir gilt der feine Wink!

Laut, indem er sich neben des Königs Bette setzt.

Grofsmächtigster, ich bin zwar sonst im Rathen flink;
Doch diefsmahl werdet ihr mich einen Träumer schelten.
Zu wichtig ist der Fall, der Anlafs gar zu selten. —
Da man sonst jeden Dienst am Hof für Pflichtwerk nimmt;
Streng bey dem Solde bleibt, den Observanz bestimmt;
Beym kleinsten Surrogat die Consequenzen scheuet;
Oft dem Verdientesten das kargste Futter streuet;
Und wenn man endlich ihn mit einem Sterne ziert,
Dem Manne fühlen macht — er sey kanonisirt;
Bist du, aus Übermafs von Dankgefühl, verlegen,
Des treusten Knechtes Lohn nach Würden abzuwägen! —
Wohlan! — Der Glückliche! — man leg' ihm den Cafftan
Des Königs und sein Schwert und seinen Purpur an;

Reich' ihm den Zepter dar, setz' ihm aufs Haupt die Krone;
Ihm leiste diesen Dienst der erste Mann am Throne;
Und führe reich geschmückt dein Leibkameel ihm vor;
Und leit' am goldnen Zaum ihn dann von Thor zu Thor,
Im festlichen Triumph, gleich einen Siegeshelden;
Und weit soll vor ihm her des Herolds Stimme melden: —
Schaut auf! Hier kommt der Mann, den Ahasveros werth
Der höchsten Ehre schätzt! Schaut, wen der König ehrt!

Ahasver.

Du hast die Redlichkeit, die dir vor andern eignet,
Und deinen Scharfsinn, Freund, auch diesmahl nicht verläugnet.
Dank dir! dein Rath ist klug und auserwählt und neu;
Auf! geh, und thu' also dem Juden Mardochai.

Haman
aufstehend, voll Erstaunen.

Dem Juden?

Ahasver.

Hat er nicht das Leben mir gerettet?

Haman vor sich.

Da hab' ich herrlich mich mit meinem Rath gebettet.

Laut.

Ja, ich besinne mich — Ihr habt den Lohn verspart —
Es ist zu spät — es hat, ich weifs nicht, was für Art?

Ahasver.

Noch nie war es zu spät, ein Unrecht gut zu machen.

Haman.

Ein Jud' in eurem Schmuck! — Die Perser möchten lachen.

Ahasver.

So fällt ihr Spott auf mich. — Was mach' ich mir daraus? —
Geh; wenn du was vergifst, ist unsre Freundschaft aus!

Ende des fünften Akts.

SECHSTER AKT.

ERSTER AUFTRITT.

Esthers Garten.

Im Hintergrunde ein runder transparenter Tempel auf Stufen, dessen Eingang mit einem rothen seidenen Vorhange bedeckt ist.

Mehuman, Carbona gehen auf und ab.

EIN CHOR VON JUNGFRAUEN

erscheint mit Blumenfesseln, und hängt sie unter einem mit Türkischer Musik begleiteten Gesange im Bosket auf.

Chor.

Heil König Ahasver!
Wer zählt der Völker mehr,
Als Ahasver?
Wer gleichet ihm an Muth?
Wer ist so grofs und gut?
Wer so geliebt, als er?
Heil Ahasver!

Eine Stimme.

Den stolzen Zepter schwingt
Hoch über Land und Meer
Held Ahasver.
Was er beginnt, gelingt;
Er kommt und sieht und zwingt;
Um seinen Lorbeer schlingt
Sich Myrthe her.

Eine andere Stimme.

Die Welt bewundert ihn,
Und frohe Länder blühn
Weit um ihn her.
Die Feinde fürchten ihn,
Die Seinen segnen ihn,
Und alle Herzen glühn
Für Ahasver.

Chor.

Heil König Ahasver!
Wer zählt der Völker mehr,
Als Ahasver?
Wer gleichet ihm an Muth?
Wer ist so grofs und gut?

Wer so geliebt, als er?
Heil Ahasver!

Die Jungfrauen gehen in den Tempel.

ZWEYTER AUFTRITT.

MEHUMAN. CARBONA.

Mehuman.

Die Mädchen sangen hübsch. Allein, Herr Kamerad,
Satt macht ihr Singen nicht. Wir sind das fünfte Rad.
Wir stehn und fasten hier; drin sitzen sie und schmausen.
Nein, da soll sichs am Hof im Ausland besser hausen.
Dem Ochsen, der da drischt, bindt man das Maul nicht zu;
Und unser einer ifst und trinket dort in Ruh.

Carbona.

War unser Déjeuner im Pantheon nicht prächtig?

Mehuman.

So so. Mein Magen ist ein wenig übernächtig.
Ich hab' in Hamans Haus kampirt.

Carbona.

Die ganze Nacht?

Mehuman.

Und habe sie, mein Freund, froh, wie ein Gott, vollbracht.
Zwar unser Spaſs — er fiel mit unter ins Groteske,
Und als der Morgen kam, so ward aus der Bürleske
Ein Mode-Trauerspiel.

Carbona.

Das pflegt wohl zu geschehn.

Mehuman.

Nein, solch ein Drama, Freund, hast du noch nie gesehn.
Vom nahen Judenmord das Vorspiel aufzuführen,
Beschloſs man, Mardochai geheim zu stranguliren;
Und wie man gerne Rath vom Augenblicke nimmt,
So ward zum Galgen ihm ein Zimmerholz bestimmt,
Das just im Hofe lag. Nicht faul es einzurammeln,
Sahn wir im Geiste schon den Mauschel daran bammeln.
Nur Eins vergaſsen wir. Das Sprichwort sagt: man hängt
Zu Susa keinen Dieb, bevor man ihn erst fängt. —
Mit Tages Anbruch läſst der König Haman hohlen.

Carbona.

Ich hatte ja den Dienst; durch mich ward es befohlen.

Mehuman.

Ich bleibe bey Madam. Wir spielen erst Piket,
Und trinken Punsch, dann Thee, dann Kaffeh, dann Sorbet.
Sie liest ihr Werk mir vor; Freund Haman kommt nicht wieder.
Schnell giebt es Lärm; das Volk strömt murmelnd auf und nieder;
Ich flieg' auf den Balkon; Madam wird leichenblafs.
Ein Herold mit Musik krakehlt, ich weifs nicht was?
Und um die Ecke kommt, von einem Schwarm begleitet,
Ein aufgeputztes Thier, worauf ein Popanz reitet.
Mir fällt nichts anders ein, als das Rhinoceros. —
„Madam, das fremde Thier! — der ungeheure Trofs! —
Sie müssens sehn." — „Ach, nein! Man hält uns für Gespenster;
So nächtlich seh' ich aus." — Hilft nichts; sie mufs ans Fenster;
Der Zug rückt näher; die Erwartung schlägt uns fehl;
Das aufgeputzte Thier ist nichts als — ein Kameel.

Schon will sie gehn — da schallts: „Heil sey dem Triumphirer!
Es lebe Mardochai!" — Und ach! des Juden Führer,
Der sonst die Nase trägt, wie mein Joli, wenn Speck
Auf meine Tafel kommt, und seine Augen keck,
Wie eine Lais, rollt — scheu, wie ein armer Sünder,
Blickt er ans Haus hinauf, ob seine Frau und Kinder
Des Schimpfes Zeugen seyn — und sie erkennet ihn!

Carbona.

Und fällt in Ohnmacht?

Mehuman.

Ja, getroffen! — mein Bemühn
Und ihrer Zofen Kunst bringt sie zurück ins Leben!
Doch ihr Verstand ist hin. Vor ihren Blicken schweben
Die Bilder jenes Zugs; sie schwatzt von Mifskredit,
Kabale, Sturz, Arrest; erschrickt vor jedem Tritt;
Hört Fesseln klirren; sieht das Beil des Henkers wetzen;
Sieht Mardochai den Fufs auf Hamans Nacken setzen;
Sieht seinen Kopf am Pfahl — und weint — und lacht — und schreyt —

Und singt — und rast — und, wie der Leibarzt
prophezeiht,
Kann ihre Raserey kaum noch zwölf Stunden
dauern.

Carbona.

Ie nun, so werden wir um eine Närrin trauern.

Mehuman.

Ach, Freund! ich geh' bey ihr seit Jahren aus
und ein.
O, was verlier' ich nicht! Die feinsten Leckereyn
Wetteiferten bey ihr mit Kaffeh, Schokolade,
Sorbet und Wein und Punsch. Sie selbst war
etwas fade
Mit ihrem Eigenlob und ihrer Autorschaft;
Doch was sie afs und trank, das hatte Saft und
Kraft.

Carbona.

Du mufst dich anderswo zum Zeitvertreib fixiren.

Mehuman.

Nein, ich will an den Hof mich wieder attaschiren.

DRITTER AUFTRITT.

Der Vorhang öffnet sich.

Die Jungfrauen erscheinen mit Türkischer Musik; ihnen folgen

HAMAN. ESTHER. AHASVER.

Mehuman und Carbona ziehen sich zurück; Die Jungfrauen stellen sich zu beyden Seiten.

Ahasver
ein wenig vom Wein begeistert.

So wahr ich König bin, sehr hab' ich mich ergetzt;
Und meine Tafel war so köstlich nie besetzt.
Nicht herrlicher konnt' einst, im Schatten junger Myrthen,
Den glücklichen Adon Cythere selbst bewirthen.

Haman.

Heut war ihr Gast Gott Mars —
vor sich.
wo nicht der Rebengott.

Esther zu Ahasver.

Du spottest, Herr; doch gern duld' ich der Liebe Spott.

Ahasver.

Was nur den Gaumen reitzt, was nur den Sinnen lüstet,

Was nur der Freude Rausch bey einem Schmause
fristet,
Für Alles hattest du verschwenderisch gesorgt;
Nichts war vergessen — doch Eins war mit Müh
erborgt.
Ja, was mir den Genuſs des Göttermahls vergällte,
War, daſs die Wirthin sich nur guter Dinge
stellte.

Esther.

Ich, Sire?

Ahasver.

Du, Madam. Dein Zwang entging mir
nicht.
Noch ungewohnt der Kunst, verrieth sich dein
Gesicht.
Zu oft nur sah ich dich, indeſs bey Hamans
Schwänken
Der Bauch mir schütterte, die trüben Blicke senken.

Haman.

Bey meinen Schwänken, Herr? Verzeiht mir! Euerm Witz
Dient' ich zum Stichblatt nur; und oft war er zu
spitz,
Zu königlich.

Ahasver.

Wie so?

Haman.

Ihr martert eine Fliege,
Die ihr am Faden führt.

Ahasver.

Du bist ein Thor; besiege
Mit einem Becher Sekt den Dämon der dich quält! —
Doch du, mein Estherchen, vertrau' mir, was dir fehlt!

Esther
die indessen den Jungfrauen gewinkt hat, sich zu entfernen.

Wie könnte sich ein Gram ins Herz der Gattin schleichen,
Die deine Huld —?

Ahasver einfallend.

Du suchst umsonst mir auszuweichen.
Ich sah die Thräne wohl, mit der dein Auge rang,
So oft ich den Pokal auf Esthers Freude schwang;
Sah wohl, daſs wenn die Pflicht des Dankes dir gebührte,
Die bleiche Lippe kaum des Bechers Rand berührte.

Esther.

Ists möglich, daſs dein Herz, so zärtlich, so getreu,
Zu gleicher Zeit der Sitz grausamen Hasses sey?
Daſs es bey meinem Schmerz von Rührung über-
fließe,
Und kalt den Untergang von Tausenden beschließe?
Wer bin ich, daſs du mir des Undanks Schein
verzeihst?
Und was verbrach ein Volk, das du dem Tode
weihst?

Ahasver.

Welch Schreckbild foltert dich?

Esther
in wilder Begeisterung.

Ihr Opfer frommer Sitte,
Wacht auf und flieht! — Verrath umlagert eure
Hütte!
Die Schwerter sind gezückt! Sucht, bangen Tauben
gleich,
In Felsenhöhlen Schutz! In Gräber rettet euch!
Nicht Alter, noch Geschlecht entrinnt des Wütrichs
Grimme;
In Thalen und auf Höhn tönt der Erschlag'nen
Stimme;
Das Weib wird mit dem Mann, den sie voll Angst
verbirgt,
Die Mutter mit dem Kind an ihrer Brust erwürgt.

Ahasver.

Wie?

Esther.

Heischt nicht dein Befehl Israels Volk zu morden?

Ahasver.

Ja, sie gehören auch zu den geheimen Orden,
Die ein Monarch im Staat nicht dulden darf.

Esther
fällt ihm zu Füſsen.

Wohlan!
Das Blutbad fange sich mit deiner Gattin an!

Haman vor sich.

Was hör' ich?

Ahasver
will sie aufheben.

Bestes Weib! gebiete deinen Sinnen!
Du schwärmest.

Esther.

Nein, ich will dem Schicksal nicht entrinnen,
Das meinen Vätern dräut; ihr Fluch ergreif' auch mich.
Ich stamm' aus ihrem Blut.

Ahasver.

Du, eine Jüdin?

Esther.

Ich!

Ahasver.

Ists möglich?

Esther.

Ja, ich bins. Und stolz auf meinen Glauben,
Soll keine Macht der Welt mich meinem Volke rauben.
Der Feigheit Hülle sinkt; die kühne Wahrheit spricht;
Sie steht vor Gottes Stuhl, und fürchtet Menschen nicht.

Haman vor sich.

Ha! welche Zaubermacht beschwöret dieses Wetter?

Esther.

Der edle Sterbliche, den einst zu deinem Retter
Der Himmel ausersah; der fern von deinem Thron
Sich deinem Dank entzog; zu dessen spätem Lohn
In der entwichnen Nacht ein Wunder dich erweckte;
Den deine Grofsmuth heut mit Ehren überdeckte;

Er nahm, als Oheim, früh sich meiner Kindheit an,
Er führte mich, als Freund, der Tugend stille Bahn;
Er wuſste mein Geschick durch Klugheit einzuleiten,
Um eine Burg in mir den Seinen zu bereiten;
Und ach! er ist der Mann, den jetzt die Rache sucht;
Um seinetwillen ward sein ganzes Volk verflucht;
Er ists, der diesen Groll in Hamans Brust erzeugte,
Weil er vor Hamans Stolz sein frommes Knie nicht beugte.

Haman.

Wer flöſst, o! Königin, dir diesen Argwohn ein?
Kannst du dein reines Ohr Verläumderzungen leihn?
Ich, deines Oheims Feind? Ich, der zu seinem Lohne
Den kühnen Plan entwarf? Ich, der sich gern dem Hohne
Des Volks zum Schauspiel gab, um seinen Siegeszug
Mehr zu verherrlichen? Ich, der für ihn —

Ahasver.

Genug,
Dein Frevel liegt am Tag. Ich will nur Esthern hören.

Haman.

Ach, Sire —

Ahasver.

Wag' es nicht, sie noch einmahl zu stören!

Esther.

Wenn in des Richters Brust Gefühl für Unschuld
spricht,
Bedarfs zu ihrem Schutz der Überredung nicht. —
Welch ein Verbrechen ists, deſs Haman uns beschuldigt?
Hast du ein Volk, o Herr! das herzlicher dir
huldigt,
Das williger den Hals ins Joch der Knechtschaft
schmiegt,
Und sich dem Übermuth des Treibers stiller fügt?
Wie rührend tönen nicht in seiner Andacht Hütten
Für seines Königs Heil der frommen Treue Bitten!
Wie freudig bringt es nicht bey Mangel und Gefahr
Dem Staate, der es schützt, sein letztes Schärflein
dar!

Kann uns ein Fürst, wie du, um Meinungen
verdammen?
Kann heil'ger Eifer dich zu blinder Wuth entflammen?
Stellst du den Gott, der uns zu seinem Dienst
erkohr,
Vom Priesterwahn getäuscht, dir als ein Trugbild
vor? —

Nur Er ist Gott — und herrscht — und wirkt an allen Enden;
Das Herz der Könige trägt er in seinen Händen;
Gleich ist vor seinem Thron der Sterblichen Geschlecht,
Und sein gerechter Mund spricht Allen gleiches Recht;
Er setzt dem Stolz ein Ziel; er hält die Rach' am Zügel;
Und schirmt den Niedrigen mit väterlichem Flügel.
Er war es, der dein Herz an eine Jüdin band;
Und wie mein Reitz durch ihn einst Gnade vor dir fand,
So wird durch ihn mein Flehn vor dir Erbarmen finden,
Und mein bedrängtes Volk von deinem Fluch entbinden;
Auf daſs dein ew'ger Ruhm, von jedem Flecken frey,
Der Segen und der Stolz zahlloser Völker sey.

Ahasver.

Steh auf! — Du hast gesiegt — Zu sehr bin ich beklommen —
Scham — Reue — Zorn — O, laſs mich zu mir selber kommen! —
Enträthselt liegt vor mir des bangen Traumes Sinn —
Dort steht die Schlange — du bist meine Retterin!

ab-

VIERTER AUFTRITT.

ESTHER. HAMAN.

Haman.

Wir sind allein — ich will nicht ans Vergangne denken —
Ich will das sanfte Weib durch keinen Vorwurf kränken;
Im Eifer für ihr Volk entschwand ihr jede Pflicht;
Und wem sie Unrecht that, war ihre Sorge nicht.
Du stürztest mich. — Doch sprich, was kann mein Fall dir nützen?
Verständest du dein Wohl, du eiltest mich zu schützen.
Des Königs schwaches Herz ist jedes Windes Spiel;
Noch kämpft er mit sich selbst; noch stehst du nicht am Ziel.
Wie? wenn erwachter Stolz die Jüdin zittern lehrte?
Wie? wenn die alte Gunst für Haman wiederkehrte? —
Du kennst mein Ansehn nicht, noch meine Volkspartey.
Treib einen Mann, wie mich, nicht bis zur Raserey! —
Bedenke, was du thust! — Ich kann den Thron erschüttern;
Ich kann diefs weite Reich durch einen Wink zersplittern. —

Ich kann auch dankbar mich dem Dienst der Schönheit weihn;
Ich kann ihr meinen Arm zu jedem Wunsche leihn.
Befiehl — und Blut bedeckt des leeren Thrones Stufen!
Befiehl — und Esther wird zum König ausgerufen!

Esther.

Ha! Bösewicht — für den ich keinen Nahmen weiſs —
Jetzt geb' ich ungerührt dich deinem Schicksal preis.
Schutz ſoderst du von mir; und tilgst, von Rache trunken,
In meiner bangen Brust des Mitleids letzten Funken?
Entflieh! dein Blick ist Pest.

Haman.

Ach, groſse Königin!
Vor deiner Tugend sinkt die Reu' im Staube hin.
Verzeih dem Rasenden, der sich zu retten strebet!
Wer hält dem Schwerte still, das auf dem Haupt ihm schwebet?
Verzeih mir! rette mich! Kannst du dem heiſsen Flehn
Der Todesangst, kannst du dem Jammer widerstehn,
Mit dem ein Gatte ringt, ein Vater von zehn Söhnen?

Laſs die Unschuldigen dein edles Herz versöhnen!
Ach, bey der Stimme, die sich ahndend in dir regt,
Beym heiligen Gefühl, das dir im Busen schlägt —
Erbarmen!

Er umschlingt ihre Kniee.

Esther.

Fort von mir! Zu Hülfe!

FÜNFTER AUFTRITT.

AHASVER. MEHUMAN. GEFOLGE VON SCHWARZEN. VORIGE.

Ahasver.

Ha, Verräther!
Du legst die Hand an sie? — Ergreift den Missethäter,
Und schleppt ihn aufs Schafot! Dort blut' er unterm Beil!
O, würde gleicher Lohn jedwedem Schalk zu Theil,
Der straflos, unterm Schild der Gunst, Verderben stiftet,
Und seines Fürsten Ohr durch falschen Rath vergiftet;
Nicht, wies dem Freunde ziemt, an seine Pflicht ihn mahnt,
Nein, ihm des Lasters Weg mit frecher Stirne bahnt;

Zum Mifsbrauch der Gewalt sein feiges Herz erwecket,
Und mit des Purpurs Glanz des Herrschers Schwächen decket!

Mehuman.

Das Beil, Herr, ist sonst nur vornehmer Frevler Lohn.
Er ist zum Galgen reif; und seiner wartet schon
Ein Baum, zu diesem Zweck in seinem Hof errichtet.
Vernimm, was zu gestehn die Wahrheit mich verpflichtet:
Er hatte diesen Baum in der vergangnen Nacht
Dem alten Mardochai zur Schaukel zugedacht.
Doch er hat aller Welt im Leben vorgegaukelt,
Drum werd' er auch im Tod vor aller Welt geschaukelt!

Haman zu Mehuman.

Ha, Teufel!

Mehuman.

Teufel selbst!

Ahasver.

Wohl! knüpft zu gröfsrer Qual
Das Ungeheuer auf an seinen eignen Pfahl!

Haman.

O Sire, da mein Flehn dein Ohr verschlossen findet,
Da meiner Dienste Zahl vor deinem Zorn verschwindet,
Da nichts dir, als mein Blut, zum Sühnungsopfer g'nügt —
So höre, was noch schwer auf meiner Seele liegt!
Zehn Söhne lass' ich dir, zehn —

Man führt ihn ab.

Mehuman.

Ja, zehn Lotterbuben;
Heimtückisch stellen sie schon andern Schülern Gruben,
Und ähneln dem Papa. Es ist ein starker Baum;
Sie hätten alle zehn an seiner Seite Raum. —
Verzeiht mir, wenn zu weit des Eifers Strom mich treibet!
Und da der Fiskus doch nun Hamans Erbe bleibet,
O Sire, so beweist euch huldreich und gerecht,
Wie immer, und bedenkt auch euern ärmsten Knecht!

Ahasver.

Fort, Doppelzüngiger! Meid' ewig meine Blicke,
Dass dich mein Grimm nicht ihm zum Mitgenossen schicke!

SECHSTER AUFTRITT.

CARBONA. VORIGE.

Carbona.

Gehorsam deinem Wink, erscheinet Mardochai,
Auch eilt mit ihm dein Hof erwartungsvoll herbey.

SIEBENTER AUFTRITT.

MARDOCHAI. KÄMMERLINGE. GEFOLGE.
VORIGE.

Ahasver.

Tritt näher, edler Greis, mein Retter! und empfinde
Den süſsesten Triumph! Gefallen ist die Binde,
Die meinem starren Blick der Wahrheit Licht entzog;
Gestraft der Bösewicht, der schändlich mich betrog.
Dieſs tugendhafte Weib — das ich von deinen Händen,
Mir unbewuſst, empfing — half meinen Geist entblenden.
Unwiderstehlich drang bey ihrem sanften Schmerz
Die Unschuld deines Volks in mein gerührtes Herz.
Was kann ich thun, um euch mein Unrecht zu vergüten?

Laſs dir zum Eigenthum die Schätze Hamans bieten!
Nimm seinen Platz am Thron, nimm würdiger ihn ein!
Ja, meiner Esther Freund muſs auch der meine seyn.
Du bildetest ihr Herz; hilf mir das meine wahren!
Sey Führer mir im Glück und Warner bey Gefahren! —
Geh, sage deinem Volk Schutz, Sicherheit und Ruh
Und jede Linderung in meinem Nahmen zu!
Sprich, daſs ich euren Gott um Esthers willen ehre;
Daſs Esthers Tugend mich den Geist der Duldung lehre;
Sprich, daſs ihr Volk durch sie vom Joch der Knechtschaft frey,
Und meinen Persern gleich in meiner Liebe sey! —

Mardochai und Esther sinken ihm zu Füſsen; er hebt sie auf und wendet sich zu den Übrigen.

Ihr, meine Treuen, drückt auf diesen Bund mein Siegel,
Und bergt, wenn ihr mich liebt, mir nie der Wahrheit Spiegel!
Hinweg mit Sklavenfurcht! vernehmt es laut von mir:
Die Götter dieser Welt sind Menschen, so wie ihr.

Mardochai
in frommer Begeisterung.

O, der du deines Volks zahllose Thränen zähltest;
Der du, uns zu befreyn, den Mund der Liebe wähltest —
Du hörst, Unendlicher, was dein Gesalbter sprach!
Vernimm es, Erdenkreis! ihr Himmel, jauchzt es nach!
Ein Freund der Menschheit sitzt auf Cyrus stolzem Throne;
Die Wahrheit ist sein Schmuck, die Weisheit seine Krone;
Sein Zepter Billigkeit, sein Schämel Glück und Ruhm —
Und seiner Völker Herz sein liebstes Eigenthum!

DIE BASEN.

Ein Lustspiel in drey Akten.

PERSONEN.

ADRIAN, Schiffspatron; in der Tracht seines Standes.

JETTE, Adrians Tochter; einfach gekleidet; mit einem Blumenkranz in den Haaren.

DOKTORIN GRIFFEL, modisch coeffirt und geputzt.

LUISE, Nichte der Doktorin; hochroth von Teint und Haar, überputzt und affektirt; lispelt ein wenig.

HOLZHAUSEN, Jettens Bräutigam; in elegantem Frack.

SCHÖNEMANN, ein alter Junggeselle; ohne Geschmack frisirt und gekleidet. Etwas schiefe Beine.

TINE, } Adrians Muhmen, Trödlerinnen; in
REGINE, } bürgerlichem Sonntagsstaat. Im zweyten und dritten Akt weniger geputzt.

REUTER, Kaufmann; Reisekleidung, altväterisch und abgetragen.

GUMPRECHT, Jude; dürftige Kleidung; kurzer grauer Bart; ein Schiebekästchen mit Brillen unterm Arm.

ENGELN, Putzmacherin; in geschmackvoller Alltagskleidung.

ANTON, Bedienter der Doktorin; in Livrée.

Die Handlung geht in einer Stadt am Rhein vor.

ERSTER AKT.

ERSTER AUFTRITT.

DOKTORIN. LUISE. JETTE. TINE. REGINE. SCHÖNEMANN.

Die Frauenzimmer sitzen im halben Zirkel dicht neben einander um den Kaffehtisch, der vor Jetten steht; Schönemann sitzt etwas seitwärts, der Doktorin gegen über. Tine und Regine sind mit Trinken beschäftiget. Jette schenkt für Schönemann ein.

Doktorin mit dem Fächer spielend.

Hübsch munter, kleine Braut! Sehe Sie doch nicht so ernsthaft aus! Sie bekommt einen Mann, für den Sie Passion hat. Die Verlobung soll eben vor sich gehen. Da muſs man nichts thun, als singen und springen.

Schönemann indem er seine Tasse holt. Sie ist ja von jeher so ein Marienbildchen gewesen. Trinkt

Luise lachend. *Ah, c'est bon ça.*

Jette. Ich weiſs selbst nicht, was mir fehlt, Frau Doktorin. Ich mache mir allerley Gedanken. —

Finden Sie nicht, daſs Herr Holzhausen und der Vater sehr lange ausbleiben?

Regine indem sie Tabak schnupft. Wenn ich meines Herzens Meinung sagen soll, Muhme Jette, so ſind' ichs eben nicht nach der Tabulatur, daſs sich der Herr Bräutigam zum Verlöbniſs erwarten läſst. Alle tausend! Meinem Schatz hätt's einfallen sollen, so — wie soll ichs nennen? so kommod und phlegmatisch zu thun. Ich wollt' ihn auskapitelt haben.

Jette. Herr Holzhausen läſst es sonst nicht an Aufmerksamkeit fehlen. Sie kann mirs glauben, Base Regine, daſs ich keine Ursache habe, über ihn zu klagen. Alle Bräute sind nicht so ungeduldig, als Sie.

Tine. Ein junger Herr, der sich verändert, hat auch manchmahl noch eine alte Schuld abzuthun.

Jette etwas empfindlich. So ein Fall läſst sich bey Herrn Holzhausen nicht denken.

Tine halb laut zu Reginen. Wie sich das Dingelchen verantwortet!

Jette ihr Kaffeh präsentirend. Mamsell Luischen befehlen gar nicht?

Luise. Ich muſs ihn wegen meines Teints lassen.

Doktorin das Zimmer musternd. Ihr Vater ist recht artig eingerichtet, Jettchen.

Jette. Für eine Schifferwirthschaft gehts wohl an.

Schönemann indem er seine Tasse hinsetzt. Wenn wir nur der Frau Doktorin mit einem l'Hombrechen aufwarten könnten; aber es fehlt am dritten Manne.

Doktorin spöttisch. O! ich habe nicht Ursache, das Spiel zu regrettiren.

Regine. Zeig' uns doch einstweilen die Präsenter, dafs uns die Zeit nicht so lang wird!

Jette. Sie sind noch unter Weges.

Regine. Sag' ichs doch, dein Liebster verstehts nicht. Die sollten lange da seyn. Vorige Woche hatte ich einen prächtigen Hut zu verkaufen; aber er war dem Herrn Holzhausen zu theuer.

Jette. Nicht zu theuer, aber er suchte einen neuen.

Schönemann lachend. Wenn man heirathet, will man freylich frische Waare haben.

Tine. Dafs dich! einer Madam, die Kutsch' und Pferde hat, ist er doch gut genug gewesen.

Schönemann. O, den vornehmen Damen ist öfters das Wohlfeilste gut genug.

Regine. Dem sey, wie ihm wolle, so gehört sichs, dafs man die Präsenter den Tag vorher schickt.

Tine. Ja, unter Personen, die zu leben wissen.

Doktorin. Woher weifs denn Frau Tine — möcht' ich wohl fragen — wie's bey solchen Personen hergeht?

Schönemann vor sich. O weh!

Tine. Ey, was das anbelangt, Frau Doktorin, Lebensart haben die Vornehmen nicht allein gepachtet. Da kommts nicht allein auf die Titulatur an.

Regine. Denkt doch! Mancher Mensch hat mehr Einsicht in dergleichen Dinge, als man bey ihm sucht.

Doktorin. Ja, und auch mehr Malice, als man denken sollte.

Schönemann mit Verlegenheit. Schade, dafs wir das köstliche Wetter nicht im Freyen geniefsen!

Doktorin. Es ist nicht erlaubt, dafs ihr Jetten wider einen Mann einzunehmen sucht, der sie liebt, den sie heirathen soll, und für den ich mich interessire, verteht ihr mich?

Schönemann vor sich. Das wird betrübt ablaufen.

Doktorin. Herr Holzhausen ist kein Mensch von der Gasse. Seine Mutter ist im dritten Grade mit meines lieben Mannes Stiefgroſsmutter verwandt. Mein lieber Mann hat ihn selbst aus der Taufe gehoben. Es ist ein feiner, ordentlicher, junger Mensch, der ein *air comme il faut* und den niedlichsten Fuſs von der Welt hat, der seinen Weg gewiſs machen wird, und von dem es euch nicht zukommt übel zu sprechen.

Tine. Übel zu sprechen? daſs dich! Ich rede, wie jede andere!

Regine. Und besser, als manche, die alle Worte auf die Goldwage legt.

Jette verlegen. Laſst doch euern Kaffeh nicht kalt werden, liebe Basen! indem sie ihn präsentirt.

Regine empfindlich. Ich trinke keinen Tropfen mehr.

Tine. Er ist mir eben auch nichts rares.

Schönemann mit zunehmender Verlegenheit. Um Vergebung! haben die Frau Doktorin schon beliebt, die heutige Zeitung zu lesen? Man schreibt von Peters —

Doktorin einfallend, ohne auf ihn zu hören. Jungfer Jette, Sie hat da ein Paar Basen, die Ihr wenig gleichen. Sie in Ihrer Art ist so bescheiden, so manierlich, so scharmant —

Tine. Hast du das gehört, Regine?

Regine. Wir werden uns ummodeln müssen.

Tine. Ja, um scharmant zu werden, in unsrer Art.

Doktorin. Bessere Manieren solltet ihr euch wenigstens zulegen. Und eure Profession bringt euch doch oft genug in Häuser, wo ihr profitiren könntet.

Regine. Was wollen Sie mit der Profession sagen? Wir handeln.

Doktorin. Mit getragenem Putz.

Tine. Jeder treibt die Profession, für die er sich schickt. Ich möchte eben nicht mit gewissen Leuten tauschen. Es ist zum Exempel immer christlicher, honetten Personen zu einem Rathkaufe behülflich zu seyn, als Spielgelage zu halten, und den Gästen das Geld aus der Tasche zu praktiziren.

Regine zu Tinen. Die ist abgetrumpft!

Luise halb laut zu Jetten. Was für choquante Expressionen!

Schönemann vor sich. Ich legte mich gerne dazwischen, wenn mir nicht für meine Frisur bange wäre.

Pause;

Jette spielt mit einem Theelöffel, Luise mit ihrem Fächer, indem sie die Muhmen von oben bis unten mustert; die Doktorin sieht gähnend nach der Uhr. Schönemann nimmt Tabak. Tine und Regine geben sich Zeichen und flüstern.

Doktorin. Jungfer Jette, ich bin in der Intention gekommen, Ihrer Verlobung beyzuwohnen, weil ich es für ungefällig hielt, mich davon zu dispensiren. Mamsell Luisen, meine *Nièce*, hab' ich Ihr zur Gesellschaft mitgebracht. Ich konnte freylich nicht vorher sehen, daſs ich hier halb vor sich unter Kredi und Bledi gerathen würde. Wir wollen uns retiriren, Luischen. Steht auf; Luise, Jette und Schönemann gleichfalls.

Luise. *Je ſuis a vos ordres, ma chere Tante.*

Jette halb laut. Ach, Frau Doktorin! Haben Sie doch die Gewogenheit, die Leutchen gar nicht zu bemerken! Ich bitte Sie tausendmahl wegen ihrer Unart um Verzeihung.

Tine und Regine flüstern zusammen.

Schönemann geht zur Doktorin. Als alter Freund und Gevatter des Herrn Adrian muſs ich mich der Hausehre mit annehmen. Exkusiren Sie die Umstände, hochzuverehrende Frau Doktorin!

Bey solchen Gelegenheiten mufs man Augen und Ohren zu Hause lassen, bis wir einmahl ein Polizeygesetz über den guten Ton bekommen.

Doktorin. Ihnen zu Gefallen, Herr Schönemann, will ich mich sacrificiren.

Setzt sich wieder, Luise gleichfalls.

Schönemann der Doktorin die Hand küssend. Ungemein schmeichelhaft! Ungemein verbindlich.

Tine zu Reginen. Der alte Hasenfufs!

Jette freudig. Ach, ich höre meinen Vater kommen!

Geht ihm entgegen. Schönemann bleibt hinter der Doktorin stehen.

ZWEYTER AUFTRITT.

ADRIAN. HOLZHAUSEN. VORIGE.

Adrian den Hut auf dem Kopfe, und ein Dokument mit aufgehobner Hand haltend. Endlich sind wir fertig! Hier hast du den Frachtbrief, Jungfer Braut! Wie er sie umarmen will, wird er die Doktorin gewahr, wirft den Hut weg, und läfst Jetten stehen. Ach, meine hochzuehrende Frau Doktorin! — mein werthestes Mamsellchen! — nehmen Sie's doch ja nicht übel! vor grofser Freude sah ich niemanden, als mein Mädchen. Ich habe mir meiner Treue gar nicht eingebildet, dafs Sie ihr eine so gewaltige Ehre erzeigen würden. Steckt das Papier in das Kamisol.

Doktorin. Ich thue in gewissen Fällen lieber zu viel, als zu wenig.

Doktorin und Luise verbeugen sich, ohne aufzustehen. Jette und Holzhausen haben sich umarmt, und sprechen im Hintergrunde heimlich.

Tine sich nach Holzhausen umsehend, ohne aufzustehen. Dienerin, Herr Vetter!

Regine. Komm Er doch näher, Herr Holzhausen!

Adrian indem er seinen Hut wieder aufhebt und ausklopft. Wenn ich so vornehme Companie vermuthet hätte, würd' ich mich mehr getummelt haben. — Diener, Herr Gevatter! Reicht Schönemann die Hand.

Tine zu Reginen. Ob er uns auch das Wort gönnen wird?

Adrian zu Tinen und Reginen. Diener, Frau Muhme! Reicht jeder die Hand.

Luise nach Holzhausen schielend. *Bon soir, Monsieur* Holzhausen!

Doktorin ohne aufzustehen. Was stehn Sie so von weitem, *mon cher* Holzhausen? Nehmen Sie doch in unserm *Cercle* Platz!

Holzhausen sich nähernd. Erlauben Sie mir meine Damen, Ihnen erst die Hand zu küssen!

Doktorin reicht ihm ihren Backen. Ein Bräutigam hat das Recht zu embrassiren.

Er küſst sie auf beyde Backen.

Tine. Sachte! Jette wird schalu werden.

Schönemann nimmt seinen Platz wieder ein. Holzhausen küſst Luisen die Hand.

Luise zu Holzhausen. Sie lassen auch grausam nach Sich seufzen, schöner Schäfer.

Holzhausen. Ich wäre nicht zu entschuldigen, Mamsell, wenn mich nicht Bräutigams-Geschäfte abgehalten hätten. Scherzhaft. Sie glauben nicht, liebe Jette, wie schwer einem hier zu Lande das Heirathen gemacht wird.

Regine zu Tinen. Er thut nicht, als ob wir da wären.

Tine. Zu meiner Zeit wars Mode, daſs man sich an Ehrentagen zuerst um die Verwandten bekümmerte.

Schönemann zu Tinen. Geduld, die Reihe kommt auch an euch.

Regine. Auch an uns! Hast du das gehört, Tine?

Tine. Uns gedulden, bis die Reihe an uns kommt? Leibliche Geschwisterkinder!

Schönemann. Macht doch unserm Freunde Holzhausen Platz, ihr Frauen!

Tine. Was gehts Ihn denn an, Herr Schönemann?

Luise. Er muſs zwischen mir und Jettchen sitzen.

Adrian bringt einen Stuhl, um ihn zwischen Jetten und Luisen einzuschieben. Rückt ein wenig hinunter, Muhme Tine; und ihr auch, Muhme Regine!

Tine. Ich rücke niemahls hinunter.

Regine. Ich eben so wenig, mit Ruhm zu melden.

Schönemann halb vor sich. Es ist doch eine hübsche Erfindung um die Höflichkeit.

Adrian. Der Bräutigam soll doch nicht stehen?

Jette empfindlich. Seyd doch nicht wunderlich, ihr Basen!

Tine. Und warum sollen wir uns denn eher inkommodiren, als andere?

Adrian den Stuhl unsanft niedersetzend. Weil man vor dem die Segel streichen muſs, dem Ehre gebührt. Auf die Doktorin und Luisen zeigend. Die

Frauenzimmer sind doch wohl die Hauptpersonen. Sie beehren uns mit ihrem hohen Zuspruch. Dafür können wir ihnen nicht Ehrerbietung genug erweisen.

Regine. O, ich bin nicht ehrerbietig, ich.

Tine. Die Frauenzimmer mögen Ihn beehren, so viel sie wollen. Aber ich rühre mich darum nicht vom Flecke, das schwör' ich Ihm.

Regine. Wir haben auch unsre Kaprisen, Vetter Adrian.

Schönemann vor sich. Pferdekaprisen.

Holzhausen halb laut zu Jetten. Ich vergehe vor Ärger.

Jette zu Holzhausen. Und ich vor Angst.

Doktorin zu Luisen. Das sind abgeschmackte Kreaturen.

Luise. Sie kennen sich selbst nicht vor Hochmuth.

Tine ihr nachspottend. Desto besser kennen wir Andere.

Adrian aufgebracht. Wollt ihr schweigen? Was sind das für Freyheiten?— Verlangt ihr, euch Standespersonen gleich zu stellen?

Doktorin. O zum allerwenigsten, wenn sie sich nicht gar besser dünken.

Tine. Ganz und gar nicht, Frau Doktorin! Ich bleibe bey meinem Stande, und taxire jeden Menschen, was er werth ist. Dafs dich! über die artige Redensart! Sich gleich stellen! Von Adam her sind wir Alle gleich. Die Madam ist eine Frau Doktorin. Wer will ihr denn das abstreiten? Aber sie ist doch nicht so aus dem Ey gekrochen. Wenn man Schleifwege nimmt, geht man näher, und wer die Fahrleisen nicht scheut, kanns weit bringen.

Regine zu Tinen halb laut. Das war recht, Tine!

Schönemann zu Adrian. Immer plumper!

Doktorin. Was soll das insolente Geschwätz heifsen?

Luise. Echauffiren Sie Sich nicht, *ma chere Tante!*

Regine. Schleifwege! Das ist ja hochdeutsch genug. Das versteht jedermann. Unser eins hätt' auch sein Glück machen können; aber ehrlich währt am längsten, schauen Sie.

Adrian mit dem Fufse stampfend. Zum Henker, mit den ungewaschnen Mäulern!

Tine und Regine. Wir bedanken uns, Vetter Adrian.

Tine mit steigender Geschwindigkeit fortfahrend. Das läfst schön, die Freundschaft zu tuschiren, um sich bey einem Paar gesteiften Putzdämchen beliebt zu machen. Ich für mein Theil, ich kann an mich halten, ich fange niemahls an zu sticheln, ich liebe den Frieden. Schnöde Reden zu geben, ist keine Kunst. Wenn ich meine Zunge wollte spaziren lassen, würde manches in der Compagnie blafs und roth werden. Den Bräutigam dort mein' ich nicht. Das ist eine ehrliche Haut, ob er gleich die Candewite nicht erfunden hat. Das plumpt so holter polter in die Familie hinein, ohne zu sagen: Gott grüfs' euch! Aber er ist noch jung. Er kann noch werden.

Luise dazwischen sprechend. *Ah Ciel! quel flux de bouche!*

Tine indem sie ihren Stuhl rückt. Muhme Jette, ich wünsche dir eine vergnügte Ehe. Gegen dich hab' ich eben nichts. Und wenn ich auch nicht auf deiner Hochzeit tanze, aufstehend, so bleib' ich darum doch Frau Tine. Schwenkt sich herum, und will ab.

Regine wie Tine. Und ich Frau Regine, so gut, als zuvor.

Jette aufstehend. Aber, ich bitt' euch, ihr Basen, was soll der Aufstand? Was hat man euch zu Leide gethan? Ihr werdet doch unsre kleine Mahlzeit nicht verschmähen?

Regine. Nein, nein, Muhme Jette, gieb dir keine Mühe! So ein Mischimaschi thut niemahls gut. Es ist ein gar zu grofser Absprung von den Frauenzimmern bis zu uns.

Tine mit möglichster Geläufigkeit der Zunge. Über den Absprung mufs ich lachen, Regine. Man kennt mich als Mädchen, man kennt mich als Frau, man kennt mich als Wittwe. Ich bin in der ganzen Stadt bekannt, und habe Geld in der Ficke. Und wer das hat, darf jedermann in die Augen sehen. Will nochmahls ab.

Adrian vertritt ihnen den Weg. Nicht so eilig, ihr Frauen! Ich will mir nicht vorrücken lassen, dafs ich mich an Jettens Ehrentage mit meinen Muhmen überworfen hätte. Eure Hand! keinen Groll weiter! Seyd artig und bleibt! Führt sie wieder an ihren Platz; sie setzen sich.

Doktorin. Wie? Anstatt den Unverstand seiner Invitation zu redressiren, reifst ihnen Herr Adrian noch den Ärmel aus! Zu Luisen. Da ist keine Satisfaktion zu nehmen, als zu gehen. Sich erhebend, und den Schaul herauf ziehend. Mein lieber Mann hat wohl Recht zu sagen: wenns geheirathet seyn soll, *nube pari;* das heifst: vergieb deinem Stande nichts. Will ab.

Schönemann sie haltend. Ey, hochzuverehrende Frau Doktorin, wollen Sie uns durch die

Entziehung Ihrer werthen Gesellschaft die ganze Lustbarkeit verderben?

Doktorin spöttisch. O, ich will keine Seele derangiren.

Holzhausen zur Doktorin. Ich bin in der That untröstlich —

Doktorin spöttisch. In so auserlesener Gesellschaft werden Sie uns nicht vermissen.

Sie gehen; Holzhausen reicht der Doktorin den Arm; Luise folgt.

Luise im Gehen O, die leibhaften Poisarden!

Jette indem sie Luisen zu halten sucht. Frau Doktorin! Mamsell Luise! Soll ich an meinem Ehrentage eine Fehlbitte thun? Das hab' ich den gottlosen Basen zu danken. Mit Luisen ab.

Adrian indem er sie begleitet, und ihnen nachruft. Meine hochzuehrende Frau Doktorin — wenn ich einen Fehler begangen habe — ich bin kein Männ von Komplimenten — Herr Gevatter, helfen Sie mirs doch wieder gut machen! — ab.

Schönemann gleichfalls im Abgehen. Ja, ist der Krieg einmahl unter dem schönen Geschlechte ausgebrochen, so hält der Waffenstillstand schwer.

ab.

DRITTER AUFTRITT.

TINE. REGINE.

Regine. Wir haben doch unsern Platz behauptet, etsch!

Tine. Hum! das ist nicht mehr als billig. Wenn Jette gescheid wäre, hätte sie die beyden Rangnärrinnen ganz weggelassen. Es war doch nur pure Groſsthuerey von ihr, mit der Bekanntschaft von ehegestern gegen uns zu prahlen. Freylich kriegt sie einen Studierten. Wenn sie Glück hat, kann sie selbst noch eine vornehme Madam werden. Aber bis dahin sollte sie doch ihre Verwandten nicht über die Achsel ansehen. Man muſs den Schemel nicht eher von sich stoſsen, bis man auf dem Stuhl sitzt.

Regine. Wohl gesprochen, Tine! Sag' mir nur, wo du alle Einfälle hernimmst!

Tine. Wo ich sie hernehme?

Regine. Ja, du sprichst, meiner Sixen, wie ein Buch.

Tine. Ich schachere ja auch mit alten Büchern.

Regine. Warum nicht lieber mit neuen?

Tine. Nä, das ist Schofel. Der ist nicht auf die Dauer gemacht.

VIERTER AUFTRITT.

ENGELN. VORIGE.

Engeln unterm Arm einen Korb, der mit einer Serviette zugedeckt und worüber ihre Schürze geschlagen ist. Ey, treff' ich Sie hier an, Frau Tinchen? Und auch Sie, Frau Reginchen?

Beyde. Dienerin, Jungfer Engeln!

Engeln. Und so geputzt? Es ist doch wohl nicht gar Verlöbnifs?

Tine spöttisch. In aller Stille.

Engeln. Da will ich morgen wieder kommen.
Will ab.

Regine sie haltend. Das braucht Sie nicht; wir haben uns ein Bifschen gehechelt. Die Gesellschaft ist schon halb aus einander.

Engeln ängstlich. Es ist aber doch gewifs noch Jemand im Hause, dem ich nicht gern in den Wurf kommen möchte.

Tine. Wer wäre denn das?

Engeln verlegen. Ach! — niemand — ein fremdes Gesicht —

Regine um den Korb herum gehend. Was hat Sie denn Schönes zu bringen?

Tine die Schürze lüftend. Es ist doch wohl keine Heimlichkeit?

Engeln. Ach, nein — aber —

Regine. Na, was ist es denn?

Engeln. Weiter nichts, als das Brautkleid.

Beyde. Das Brautkleid? — Ach, lafs Sie's uns doch sehen!

Engeln eilig. Ich kann mich nicht aufhalten.

Beyde reifsen die Schürze und das Tuch herunter. Nur ein Zipfelchen!

Engeln. Sachte! sachte! Ihr seyd ja ärger, als ein Visitator.

Beyde nehmen ihr den Korb weg, tragen ihn auf den Tisch und schlagen den Rock aus einander, indem eine die andere bey den folgenden Reden überschreyt, und keine die andere ausreden läfst.

Tine. Element!

Regine. Alle tausend!

Tine. Über die Pracht!

Regine. Über den Hochmuth!

Tine. Eine Schleppe, wie eine Fürstin!

Regine. Ein Stoff, wovon der Stab zum allerwenigsten einen Karlin werth ist!

Tine. Und ein Florrock, daſs man sich drein wickeln könnte!

Regine den übrigen Putz im Korbe besehend. Und noch Blümchen, und Kinkerlitzchen ohne Ende!

Tine. Wo hat Sie nur hingedacht, Jungfer Engeln? Ist das ein Anzug für ein Schiffermädchen?

Engeln. Herr Adrian hats expreſs aufs properste bestellt.

Tine. Der Tropf!

Engeln. Ih warum! er hat nur die einzige Tochter; und eine Hochzeit richtet man ja nicht alle Tage aus.

Sie schlägt das Kleid wieder zusammen, um es in den Korb zu packen.

Tine mit Bedeutung. Die einzige Tochter! Hm! freylich.

Regine. Wenn sie den Staat fortsetzen will, kann sich Herr Holzhausen bey Zeiten nach dem Thor umsehen.

Engeln ihre Beschäftigung unterbrechend, hastig. Ach, geh Sie mir mit Ihrem Herrn Holzhausen! Das ist ein leichtsinniger Mensch, ein Mensch ohne Christenthum und ohne Gewissen! Hätt' ich mich nur nicht bereden lassen, den Rock zu garniren!

So sauer ist mir noch keine Arbeit geworden. Jeder Nadelstich ging mir durchs Herz.

Regine mit angenommener Einfalt, den Rock befühlend. Ist denn der Zeug so derb?

Engeln weinerlich, indem sie wieder mit Einpacken fortfährt. Dem guten Jettchen geb' ich keine Schuld. Sie weiſs nicht, was sie für einen Wetterhahn bekommt. Aber wenn ich daran denke, stehen mir die Augen voll Wasser.

Regine. So lamentabel? Lieber Himmel! was ist Ihr denn begegnet? — Ja, wenn man jung und hübsch ist, kann man leicht zu einem Fatalitätchen kommen.

Engeln nimmt das Packet oder den Korb wieder unter den Arm. Keine Randglossen, Frau Regine! Ich bin eine reputirliche Person. — Herr Holzhausen hat sich Mühe um mich gegeben, auf meine Ehre! rechte Mühe. Und die Sache wäre richtig geworden, wenn ich Baarschaften aufzuweisen hätte. Weinerlich. Aber ich habe nichts, als Ehrlichkeit; und damit ist einem armen Mädchen heut zu Tage wenig geholfen.

Tine. Das arme Schätzchen! Ey, ey! hat Sie solche Anfechtungen gehabt?

Regine. Erzähle Sie's uns doch ordentlich!

Engeln. Ach, da ist gar viel zu erzählen — ich muſs fort. Will ab.

Tine sie haltend. Warte Sie doch, Jungfer Engeln! Ob man von solchen Dingen schwatzt, oder von was anderm. Zuweilen verschwatzt man sein Leid.

Regine. Und ich höre Liebesgeschichten für mein Leben gern. Man kann immer was daraus lernen.

Engeln. Es ist keine Liebesgeschichte — nur eine Amuhr.

Tine mit steigender Behendigkeit der Zunge und Lebhaftigkeit der Pantomimen. Ja, die Mannsbilder! die Mannsbilder! sie sind ärger, als die Kletten. — Und da sey man auf seiner Huth, wie man will; so eine verwünschte Amuhr fliegt einem an, wie das Fieber. — Manchmahl sitzt man in seinem Stübchen in Ruh und Frieden. Da kommt ein Schapo, den wir irgend einmahl in der Kirche, oder bey einem Ehrentänzchen gesehen haben, und sucht Bekanntschaft. Die Thüre können wir ihm doch nicht weisen. Er guckt uns so beweglich in die Augen — wir schielen ihn von der Seite an. Er harankirt uns was vor — wir sind nicht taub. Er geht uns überall zu Gefallen — das kitzelt. Nach und nach wird aus dem Spaſs Ernst. Der Musje kommt uns Tag und Nacht nicht aus den

Gedanken. Nun wird er wohl mit unter gricklich — wir sehen dem Maulaffen durch die Finger. Er will kommandiren — wir schicken ihn fort. Er trotzt — wir schneiden Gesichter. Er giebt gute Worte — wir vertragen uns wieder. Und über die Kindereyen hängen wir das Herz immer mehr an ihn. Und paff! läfst uns der Landläufer sitzen. So gehts! das hat man vom Verlieben!

Regine tief seufzend. Ach, das ist so wahr, als obs gedruckt wäre. — Gelt, Jungfer Engeln? So ist es Ihr auch gegangen?

Engeln die indessen in Gedanken gestanden hat, seufzt auch tief. Ja, ein zärtliches Herz ist ein leichtgläubiges Ding; aber ich wäre jetzt gewifs und wahrhaftig Madam Holzhausen, wenn ihm Jettchen nicht 10000 Gulden zubrächte.

Tine auffahrend. Zehn tausend Gulden? Adrian mufs verrückt seyn. Sich so auszuziehen! Und für wen? Für ein schnippisches Ding, das am Ende nicht einmahl aus der Verwandtschaft ist.

Engeln aufmerksam. Was? seine Tochter nicht aus der Verwandtschaft?

Regine. Albernes Zeug!

Tine. Seine Tochter? Sie kanns seyn, sie kanns auch nicht seyn. Es steht niemanden an der Stirne geschrieben, wer sein Vater ist; und in der Welt gehts bunt zu.

Regine. Ey was! das sind ungelegte Eyer. Wenn jedermann an seinem Vater zweifeln wollte, so wüßte kein Mensch mehr, wer Koch oder Keller ist.

Engeln. Frau Tinchen sagt nichts ohne Ursachen. — Sie weiſs gewiſs was. — Nicht wahr, ich hab's getroffen?

Regine. Wenn du was weiſst, Tine, wirst dus uns doch erzählen?

Tine. Erzählen? Ja doch! Morgen. Wichtig. Ich weiſs, was ich sagen und was ich verschweigen muſs. Da kommt ihr an die Unrechte, habt ihr mich verstanden?

Regine. So hättest du auch gar nicht davon anfangen sollen. Für nichts und wieder nichts setzt man einem nicht den Floh ins Ohr.

Engeln. So geht man nicht mit Leuten um, die man braucht.

Tine. Spart eure Worte! Ihr macht mich nicht treuherzig.

Regine. Sage mir nur, wie du mir vorkommst, Tine!

Engeln zu Reginen. Sie will gebeten seyn; und wenns heraus ist, verlohnt sichs gewiſs nicht der Mühe. Empfindlich. Ich bin nicht neugierig.

Will ab.

Tine sie haltend. Aber, was läuft Sie denn, als ob wir uns gezankt hätten?

Engeln. Schon gut! Ich habe Wunders geglaubt, was Sie für eine gute Kamerädin von mir wäre.

Tine. Das bin ich auch. — Und wenn ich reden dürfte — Aber es ist ein Geheimnifs! Meine Mutter seliger hat mirs erst auf dem Todbette anvertraut. So etwas nimmt man doch nicht mit unter die Erde. Ich für mein Theil hab's noch auf der Gottes - Welt niemanden gesagt, als meinen drey Schwägerinnen. Denn mit zweyen von ihnen bin ich Ein Herz und Eine Seele; und die Dritte, die just dabey stand, kann mit der Sprache nicht recht fort. Also bey denen ist es gut aufgehoben, das weifs ich.

Regine. Und warum denn nicht eben so gut bey uns, he?

Tine. Ja, wenn ihr mir bey Hand und Mund versprechen wollt, es nicht unter die Leute zu bringen.

Engeln empfindlich. Über die Umstände! Ich bin eine verständige Person und kein Kind. Ich weifs mit Allem umzugehen, und folglich auch mit einem Geheimnifs.

Regine. Ih, wem wollte denn so was gleich das Herz abdrücken? — Ich habe einmahl eins sechs ganzer Monate bey mir behalten.

Tine. Na, so hört zu! Die Engeln setzt ihren Korb weg. Aber tretet ein Bifschen näher, dafs ich leise sprechen kann — und wer etwas kommen hört, der zupfe mich! Sie treten auf einen Klumpen. Ich weifs nicht, ob ihr mehr gehört habt, wie Vetter Adrian zu seiner Frau gekommen ist. Es war so ein alter Hang. Er wollte, er wollte auch nicht; pump! mufst' er sie doch nehmen. Hübsch war sie, das mufste ihr der Neid lassen; frisch, wie ein Röschen, und munter, wie ein Reh; ein Weibchen, wie ein Daus; aber auch ein Schelm in der Haut! — Wenn Adrian daheim war, ach! da gings so still und ehrbar bey ihr zu, wie im Kloster. Aber so bald er den Rücken wandte — er hatte damahls das Marktschiff nach Kölln im Pachte — immer geschwinder und lauter, heysa, juch heh! da war der Henker los, mit lockern Officierchen und beblechten Cavalierchen, und Spaziren und Kutschiren, und Kränzchen und Bällchen und Ständchen von früh bis in die Nacht!

Regine. Denkt doch! das sind mir alles Neuigkeiten!

Engeln. Aber da hör' ich ja noch nichts von Jetten.

Tine fährt in einem dumpfen halb leisen Tone fort. Stille nur! jetzt kommts. Adrianen klangen endlich die Ohren. Die Stirne fing ihm an zu jücken. An einem Morgen wird er rebellisch, packt Frau und Wirthschaft auf, und zieht nach Kölln. Sie hatten damahls ein kleines Mädchen; das starb dort. Meine Mutter, die just etwas da zu thun hatte, ging mit zur Leiche. Aber was geschieht? —

Regine und Engeln drängen sich immer dichter an sie.

Man hat der Exempel mehr, daſs die Todten wieder auferstehen. Kurz, eh' man sichs versah —

Regine legt, um besser zu hören, ihre Hand auf Tinens Schulter; diese hält es für ein Zeichen, bricht schnell ab, und stöſst beyde von sich weg.

Regine verwundert. Was giebts?

Tine erschrocken. Hast du mich nicht gezupft?

Regine. Nicht doch! Ich konnte nicht alles verstehen — Nu? Eh' man sichs versah —

Tine mit möglichster Geschwindigkeit einfallend und fortfahrend. So kam der Herr Patron wieder, mit Sack und Pack, und Kind und Kegel, so groſs und breit, als ob ers nicht gewesen wäre.

Engeln. Was? mit dem todten Kinde?

Tine etwas lauter. Ich dachte gar. Mit Jetten, die er für das Kind ausgab, das schon lange unter der Erde lag. Zwey Jahre darauf starb ihm die Frau; so ist Jette Hahn im Korbe geblieben.

In ihren natürlichen Ton übergehend.

Bey dem allen hat Adrian nahe Blutsfreunde. Denen geschieht doch Weh und Unrecht. Denn das Hemd ist einem doch näher als der Rock. Meint ihr nicht?

Regine. Ich bin ganz stumm geworden. Das klingt ja —

Engeln einfallend. Wie ein Mährchen. Ich glaub's nicht.

Tine ans Korsett klopfend. Wenn ich wollte — könnt' ich euren Unglauben bald zu Schanden machen.

Regine. Na, so thu's doch!

Tine. Schönen Dank!

Engeln spöttisch. Sie thäts lange, wenn sie könnte.

Tine zieht ein Papier aus dem Korsett. Was hab' ich denn da?

Regine gleichgültig. Ein Papier.

Engeln verächtlich. Einen alten Contozettel?

Tine triumphirend. Einen Todtenschein!

Beyde hastig, indem sie darnach greifen. Jetten ihren Todtenschein?

Tine das Papier hoch haltend. Was gebt ihr mir, wenn ich ihn euch lesen lasse?

Beyde. O, bitte, bitte!

Die Gröſseste von beyden reiſst ihn Tinen aus der Hand, und nun fallen beyde darüber her und streiten sich darum; Regine behält ihn zuletzt.

Regine indem sie noch hinein guckt. Den Geyer auch! da könnte man Jetten Händel machen, schwere Händel.

Tine. Das mein' ich. Aber nicht eher, als bis Adrian die Augen zuthut. Ich habe mich schon bey einem Advokaten befragt.

Indem sie das Papier wieder zu sich nimmt, und ins Korsett steckt.

Daſs ihr mir also ja reinen Mund haltet, das sag' ich euch. Die Sachen mögen stehen, wie sie wollen.

Engeln. Für mich sey sie auſser Sorgen, Frau Tine! Ich kann schweigen.

Regine. Und mich kennst du, daſs ich nicht von vielen Worten bin.

Engeln ihren Korb wieder nehmend. Aber weil die Sachen so stehen; will ich doch den Rock lieber herschicken, und ihr durch mein Nähmädchen sagen lassen, daſs ich nicht zu Jedermann ins Haus käme.

Tine. Und ich will dem Herrn Vetter zeigen, daſs mirs nicht um sein Biſschen Essen zu thun ist.

Sie geht, bleibt aber an der Thüre stehen und horcht.

Regine in Gedanken, halb vor sich. Warum hab' ich das Ding nicht eher gewuſst? Ich hätt's ihr doch in einem Säftchen beybringen wollen, daſs ein Findelkind sich nicht mausig machen darf. Na, es wird schon Gelegenheit geben.

Engeln gleichfalls in Gedanken und halb vor sich. Wenns dem alten Papa Holzhausen zu Ohren käme, so ginge die Heirath vielleicht zurück. Und dann hätt' ich wieder Hoffnung zu meinem Deserteur. Ich habe der Frau Doktorin Griffel ein Ballkleid zu garniren, da will ich doch von weitem —

Tine ist leise herbey geschlichen und tritt schnell zwischen sie. Seyd ihr alle beyde vom Satan besessen? Eben habt ihr mir versprochen zu schweigen, und schon brennts euch auf der Zunge!

Engeln. Ih bewahre! Ich sage der Frau Doktorin nichts, wenn sie nicht davon anfängt.

Tine ihr mit dem Finger drohend. Höre Sie einmahl, Jungfer Engeln! Ich habe kein Pfand von

Ihr, als Ihr Wort. Wenn Sie mir das nicht hält, soll Sie einen hübschen Tanz erleben, das versprech' ich Ihr. Sie kriegt mich auf den Hals, versteht Sie mich?

Engeln erschrocken. Und was will Sie mir denn thun?

Tine. Das soll Sie schon sehen.

Regine. Da haben wirs! gleich braust sie, wie ein Wespennest. — Warum hast du uns deinen Kram aufgehockt? Wenn man so eine Historie mit anhört, so thut mans, um sich das Memorium auszumöbliren, und in einer hübschen Compagnie damit Ehre einzulegen, daſs man etwas zu Markte bringt, worüber die Leute Maul und Nase aufsperren. Lieber mag ich nichts wissen, als nichts sagen dürfen.

Tine. Schwatzt nur, schwatzt, wenn ihrs nicht lassen könnt! Aber nehmt euch in Acht! Die Erste, die ihren Währmann angiebt, der kratz' ich die Augen aus.

Schnell ab.

FÜNFTER AUFTRITT.

REGINE. ENGELN.

Engeln ihr ängstlich nachsehend. Ach, Frau Reginchen, nehme Sie mich in Ihren Schutz!

Regine. Sey'Sie ganz ruhig, Jungfer Engeln! Frau Tine meints so böse nicht. Fein ist sie, wie Spaniol, und hat ein Maul am Kopf, wie ein Schwerdt. Aber wenns aufs Herz ankommt, da beschämt sie Fürsten und Grafen.

Engeln. Adje, Frau Reginchen! — Sie läſst sich doch von meinem Herzensverdruſs nichts merken?

Regine. So wenig, als von Jettens Auferstehung.

Beyde ab.

Ende des ersten Akts.

ZWEYTER AKT.

ERSTER AUFTRITT.

Esplanade mit Kanapees vor dem Hause der Doktorin.

DOKTORIN. HOLZHAUSEN.

Sie sitzen zusammen auf einem Kanapee. Die Doktorin gestikulirt und spricht heimlich mit Holzhausen.

Holzhausen schnell aufstehend. Ist das alles? Und darum liefsen Sie mich zurück rufen?

Doktorin. Die *Confidence* schien mir keinen Aufschub zu leiden.

Holzhausen. Allzu dienstfertig! Es hätte Zeit gehabt, bis wir uns *en passant* gesehen hätten.

Doktorin. Ihre Empfindlichkeit befremdet mich nicht. Es ist ein undankbares Geschäft, seinen Freunden eine Hiobspost zu bringen. Aber wie konnt' ich Ihnen eine Sache verheimlichen, die im Begriff ist zu éclatiren? Adrians Verwandte wollen Lärm machen, das weifs ich aus sicherer Hand.

Und da ich heute an Ihren Herrn Vater zu schreiben habe, so —

Holzhausen einfallend. Was sagen Sie?

Doktorin. So werde ich die Gelegenheit ergreifen, ihm seine Vollmacht wegen des Consenses zu Ihrer Heirath zurück zu senden.

Holzhausen hastig. Wie? auf ein bloſses Hörensagen? ohne Untersuchung? ohne Beweis?

Doktorin. Sie sind meines lieben Mannes Pathe. Sie sind unser Hausgenosse. Ihr Herr Vater hat mich in dieser Sache mit seinem ganzen Vertrauen beehrt. Es wäre unredlich von mir, ihn einen Posttag im Zweifel zu lassen, da sich die Umstände so geändert haben.

Holzhausen mit Feuer. Geändert? Was hat sich geändert? Was kann sich zwischen mir und Jetten ändern? Ich liebe sie so sehr als jemahls. Ich bin ihres Herzens gewiſs, und ich stehe Gott Lob! noch in keinem so hohen Range, daſs ich auf die Familie meiner Frau Rücksicht zu nehmen hätte.

Doktorin. Ihr Herr Vater wird über diesen Punkt delikater denken.

Holzhausen. Mein Vater wird mich nicht zeitlebens unglücklich machen.

Doktorin die Achseln zuckend. Zeitlebens unglücklich! Was für Reden?

Holzhausen. Wenn ich Jetten verliere, so hab' ich keine vergnügte Stunde mehr.

Doktorin ihn mit einem mitleidigen Kopfschütteln betrachtend. *Bon Dieu!* Wie *pitoïable* stellen Sie Sich an! — Ist es möglich, daſs ein Mensch, der übrigens *bon sens* hat, ein Mensch von einer gewissen Extraktion — so schwach seyn kann, alle seine Wünsche auf ein Mädchen von der ordinärsten Erziehung und von — verdächtiger Genealogie einzuschränken?

Holzhausen mit verbissener Empfindlichkeit. Verdächtige Genealogie?

Doktorin spöttisch. Eine Unglückliche, die Adrian aus christlicher Liebe aufgelesen hat, werden Sie doch wohl für keine Prinzessin halten? Ernsthaft. Ich danke dem Himmel in Ihre Seele, daſs Sie noch recht *à propos* und mit guter Manier von ihr los kommen.

Holzhausen sie starr ansehend. Frau Doktorin!

Doktorin. *Courage*, junger Herr! Nehmen Sie Ihre Partie *en grand capitaine!* Suchen Sie hier in einer Familie anzubauen! Mit Ihrer avantageusen Figur, mit Ihren feinen *Façons*, mit Ihrer

Art Sich auszudrücken mufs man entweder durch eine Frau sein Glück machen, oder — gar nicht heirathen.

Holzhausen stärker. Frau Doktorin!

Doktorin leicht. Die Luft hat sich noch nicht abgekühlt. — Kommen Sie, *mon cher* Holzhausen! Ein Glas Limonade wird Ihnen heilsam seyn. — Luischen soll uns dabey auf dem Forte piano vorspielen. Mit bedeutendem Lächeln. Die wäre mir doch zehnmahl lieber, als Ihre Jette.

Holzhausen. Spotten Sie meiner? — Freudig. Ach, nun merk' ichs — nicht wahr? die ganze Geschichte ist erdichtet? — Sie wollen meine Liebe auf die Probe stellen? — Vertraulich. Gestehen Sies! — Es ist ein grausamer Scherz — aber er sey Ihnen verziehen, wenn Sies gestehen.

Doktorin geringschätzig. Ich bin keine Freundin vom Spafsmachen.

Holzhausen hingeworfen. Es ist wahr, Sie medisiren lieber.

Doktorin hastig. Was beliebt?

Holzhausen ernst. Wenns kein Scherz ist — so ists Verleumdung. Nennen Sie mir den Urheber!

Doktorin spöttisch. Sie werden unartig, *mon Prince!*

Holzhausen heftig. Ich will ihn wissen, ich muſs ihn wissen. Faſst sie bey der Hand. Ich halte mich an Sie, bis ich ihn weiſs.

Doktorin ihre Hand stolz zurück ziehend. Keine Familiaritäten, wenn ich bitten darf! Sie verlieren ganz und gar die *Tramontane.* Ich habe über Ihre Aufführung gelacht — aber jetzt fange ich an, mich zu ärgern. Das hat man von seiner Theilnahme! So wird man für die uninteressirteste Freundschaft belohnt! Ich werde es Ihrem Herrn Vater referiren. Ich werde es meinem lieben Manne melden. Ich werde ihm zu der Freude gratuliren, die wir an unserm Klienten erleben.

Ab in ihr Haus.

ZWEYTER AUFTRITT.

HOLZHAUSEN allein.

Ihr halb nachrufend. Klienten? — Was will sie mit ihrer Klientenschaft? Heftig. Wohn' ich bey ihr um Gotteslohn? Läſst sich ihr Mann den Zutritt in seiner Schreibstube nicht theuer genug bezahlen? Muſs ich nicht für ihre armseligen Höflichkeiten sie bald in die Komödie führen, bald auf dem Piquenique frey halten, sie und ihre Meerkatze von Nichte? — Meinen Spielverlust an sie nicht zu rechnen. — Drohend. Ha! wenn ich nicht das Ansehen schonen müſste, das sie über meinen schwachen Vater ausübt — ich wollte! —

Indem er abgehen will, erblickt er Jetten.

Himmel! da kommt Jette! wie werd' ich —

Sucht seine Verlegenheit zu verbergen.

DRITTER AUFTRITT.

JETTE. HOLZHAUSEN.

Jette scherzhaft. Nun, Herr Bräutigam? Sie brauchen viel Zeit, die Damen nach Hause zu begleiten.

Holzhausen. Entschuldigen Sie mich, liebes Jettchen! ich habe —

Jette. Das schöne Wetter genossen, wie ich sehe.

Holzhausen. O nein, ich bin wider Willen aufgehalten worden.

Jette. Sie glauben doch nicht, daſs ich Sie zur Rechenschaft fordern will? daſs ich Ihnen nachschleiche? Nein, mein Freund, das wär' ein Biſschen zu früh. — Ich soll einen Versuch machen, die Frau Doktorin zu besänftigen.

Holzhausen. Ersparen Sie Sich die Höflichkeit!

Jette. Die Basen sind fort. Vermuthlich aus Empfindlichkeit, dass wir ihnen das Schlachtfeld gutwillig überliessen. Sie sind ohne Sang und Klang abgezogen. Als ich nach einer halben Stunde wieder hinauf kam — war die Stube leer.

Holzhausen. Glück auf den Weg!

Jette schmeichelnd. Sie haben Sich über die ungeschliffenen Weiber geärgert? Man sieht Ihnen den Verdruss noch an. — Leicht. Basen hin! Basen her! So bald Sie es für gut finden, will ich allen Umgang mit ihnen abbrechen. Zärtlich. Von heute an, lieber Holzhausen, wird mir die ganze Welt gleichgültig, gehör' ich niemanden mehr an, als Ihnen.

Holzhausen bedeutend. Als mir? Sich von ihr wendend. Ach!

Jette. Sie seufzen? — Sie sind in Gedanken! — Darf ich nicht wissen, was Sie denken?

Holzhausen zerstreut. Was ich denke?

Jette dringend. Ja, schliessen Sie mir Ihr Herz auf, um das meinige zu beruhigen!

Holzhausen beklommen. Ich habe den Muth nicht.

Jette bestürzt. So kleinlaut? — Sie wollen mir doch nicht ankündigen, daſs Sie mich nicht mehr lieben?

Holzhausen lebhaft. Welch ein Argwohn! Ich liebe Sie so wahr — so innig —

Jette einfallend. Und zaudern, mir eine Sache mitzutheilen, die Sie beunruhigt?

Holzhausen. Eben weil ich Sie liebe!

Jette. Sie machen mir Herzklopfen. Reden Sie!

Holzhausen verlegen. O, es ist so unangenehm — so unerwartet — wenn Sie mir — nein, ich darf nicht —

Jette ängstlich. Reiſsen Sie mich aus dieser Ungewiſsheit, ich beschwöre Sie! Was ists?

Holzhausen schüchtern. Man hat mir — aber werden Sie nicht aufgebracht! — man hat mir von Ihnen gesagt — ach!

Jette ruhig. Was kann man von mir sagen? Ich bin ein ehrliches Mädchen.

Holzhausen ihr die Hand drückend. Bey Gott, das sind Sie!

Jette. Ich bin Ihnen von ganzem Herzen gut.

Holzhausen. Davon bin ich überzeugt — aber —

Jette ungeduldig. O, machen Sie ein Ende!

Holzhausen. Man behauptet, Sie wären Adrians Tochter nicht.

Jette lächelnd. Weiter nichts? Und wer ist der Pinsel, der das behauptet? Naif. Ich bin meines Vaters Tochter, das weifs ich gewifs. — O, sagen Sie mir, von wem schreibt sich das Geschwätz her?

Holzhausen. Wenns nur ein Geschwätz ist, so mag es ruhen.

Jette bedenklich. Gesetzt aber, dafs etwas an der Sache wäre. Man mufs sich in der Welt auf vielerley Fälle gefafst machen — würden Sie mir umwenden?

Holzhausen verlegen. Nein — o! nein — mit meinem Willen gewifs nicht — aber ich seufze unter dem Drucke der Umstände — ich hänge von einem Vater ab, der —

Jette empfindlich. Schön! vortrefflich! allerliebst! den Vater zum Vorwande zu nehmen! Gehn Sie, Herr Holzhausen! Nie hätt' ich Sie fähig geglaubt, mich unter irgend einem Vorwande zu verlassen.

Holzhausen zärtlich. Ich, dich verlassen, Jette? Ehe wollt' ich mein ganzes zeitliches Glück aufs Spiel setzen — Besorgt. Aber dieses verwünschte Geschwätz kann Folgen haben — Die Frau Doktorin will es meinem Vater —

Jette schnell einfallend. Was hör' ich? Die Frau Doktorin? Von ihr haben Sie also diese Fratze — von ihr?

Holzhausen erschrocken. Lassen Sie Sich ja nichts gegen sie merken!

Jette. Ich will sie nur fragen, was für ein böser Geist sie ihr eingeblasen hat.

Holzhausen. Hüten Sie Sich wohl! Sie würden sie gegen uns aufbringen, und aus Empfindlichkeit könnte sie —

Jette einfallend. Sie mag thun, was sie will. Aber ich muſs meinem Herzen Luft machen. Ich habe es lange gefühlt, daſs ich für ihre Gnade zu gering bin.

Holzhausen. Jettchen! Sie sind sonst so gut.

Jette. Es ist der Heimtückischen gelungen, Ihnen meine Herkunft verdächtig zu machen, und Sie wollen mir verwehren, mich zu rechtfertigen? — Ha! Just kommt sie aus ihrem Hause.

Holzhausen ängstlich. Was? Sie wollen ihr doch nicht in meinem Beyseyn — Bedenken Sie meine Verlegenheit! — O, ich halt's nicht aus.

Eilig ab.

Jette ihm nachrufend. Holzhausen! — Sie fürchten Sich ja vor ihr, wie ein Schulknabe vor dem Präceptor.

VIERTER AUFTRITT.

DOKTORIN mit dem Stockschirm. JETTE. ANTON mit einem Arbeitsbeutel am Arm.

Jette ihr bescheiden entgegen gehend. Verzeihung, Frau Doktorin —

Doktorin kalt vorbey gehend. Ich bin pressirt! Ich habe eine Visite vor.

Jette vertritt ihr den Weg. Verzeihung, Madam! Ich stelle Sie zur Rede, wo ich Ihnen begegne! Sie haben Sich auf meine Kosten lustig gemacht. Sie haben beliebt, dem Herrn Holzhausen Gott weiſs was für ein Mährchen von mir aufzubinden? Sie werden die Güte haben, mir eine Erklärung zu geben.

Anton bleibt von weitem stehen.

Doktorin. Was ist das für ein Ton? Spricht das junge Ding mit mir?

Jette stolz. Mit Ihnen. So jung ich bin, so sehr halt' ich auf meine Ehre. Ich dulde keinen Schatten übler Nachrede; und wenn Sie die Achtung vergessen, die Sie Sich selbst schuldig sind, wie können Sie Respckt von andern fordern? Spöttisch. Auszusprengen, ich wäre Adrians Tochter nicht! Wie in aller Welt, Madam, kommen Sie auf den witzigen Einfall?

Doktorin verächtlich. Höre, Jette! du bist sehr dreist. Du verdientest nicht, daſs ich dich einer Antwort würdigte. Aber weil eine Frau von meinem Charakter über solcherley Beleidigungen hinaus ist, so hab' ich Mitleiden mit deiner Einfalt. — Trocken. Ich will dir wohl sagen, Kind, daſs die Engeln mich versichert hat, Adrians einzige Tochter wäre als ein kleines Mädchen in Kölln gestorben. Den Todtenschein hätte sie selbst in Händen gehabt. Spöttisch. Gehe Sie nun hin, Jüngferchen, und suche Sie Ihren ächten Herrn Papa auf, ehe Sie Sich erfrecht, mit mir über Ihren Stammbaum zu expostuliren.

Jette. Die Unverschämte will ich aufsuchen, die Ihnen diese Unwahrheit erzählt hat. Ich will ihr die Meinung sagen, daſs sie sich wundern soll. Will ab.

Doktorin. Das kannst du auf der Stelle. Sie ist nicht weit. Sich umsehend. Antoine! He! Antoine! — — Anton tritt näher. Die Engeln soll kommen. Anton ab. Desto besser für dich, wenn du dich getrauest, sie zu beschämen!

Jette. Ich danke Ihnen, daſs Sie mir die Gelegenheit dazu verschaffen wollen.

FÜNFTER AUFTRITT.

ENGELN. JETTE. DOKTORIN.

ANTON von weitem.

Engeln mit einer Rosenguirlande in der Hand zur Doktorin. Was befehlen Ihr Wohlgebohren? Soll ich etwan, statt der Rosenknöspchen, lieber Klatschblumen nehmen?

Jette gelassen. Dienerin, Jungfer Engeln! — Ich bin doch sehr unglücklich, ich, die ich Ihr mein Lebtage nichts als Lieb' und Freundschaft erzeigt habe, dafs Sie mir so ehrenrührige Dinge nachredet.

Engeln betreten. Ich, Mamsellchen? Es fällt mir nicht ein, irgend einer Christenseele etwas nachzureden, und am wenigsten Ihnen.

Jette lebhaft. Warum hat Sie denn der Frau Doktorin gesagt: Adrians Tochter wäre gestorben, und ich wär's nicht?

Engeln sich schnell gegen die Doktorin wendend. So! das ist schön, Ihr Wohlgebohren! Auf Ihre Verschwiegenheit kann man Schlösser bauen. Sie machen mir da hübsche Händel mit Ihrem Wiedersagen.

Doktorin auffahrend. Wiedersagen! — Die Leute aus Ihrer Klasse bedienen sich gleich so grotesker Ausdrücke, daſs man sich zu Tode ärgern möchte. Heiſst das Wiedersagen, wenn ich dem armen Mädchen entdecke, an wen sie sich zu addressiren hat, um zu erfahren, wem sie angehört? Ich bin *sensible*, ich konnte nicht sehen, wie sie sich chagrinirte. — Und eine Närrin, wie Sie, nennt das Wiedersagen?

Engeln im zänkischen Tone. Ihr Wohlgebohren, schimpfen Sie mich nicht! Ich bin ein Stadtkind, und wenn Sie zehnmahl Frau Doktorin wären, so — —

Jette einfallend. Es geschieht Ihr Recht. Warum erfindet Sie so läppisches Zeug?

Engeln noch heftiger. Ich erfinde nichts, als Muster und Moden; und die sind nicht läppisch. Was Ihnen Ihr Wohlgebohren wiedergesagt haben —

Doktorin schnell einfallend. Kommt Sie mir wieder mit Ihrem Wiedersagen?

Engeln ohne sie ausreden zu lassen. Das hab' ich nicht erfunden. Ich hab's gehört. Ich hab' einen Wisch gesehen, der so geschmiert war, daſs ich keinen Stich erkennen konnte. Und ich bin nicht die Einzige, die darum weiſs: Frau Regine hat ihn so gut gesehen, als ich.

Jette. Und wer hat Ihr denn den Wisch gezeigt?

Engeln. Frau Tine.

Jette erstaunt. Muhme Tine?

Engeln gemäfsigter. Warum haben Sie solche Muhmen? Sie zeigt ihn der ganzen Welt, und spricht, es wär' Ihr Todtenschein. Gutmüthig. Auf meine Ehre, Mamsellchen, ich mach' Ihnen nichts weifs. Es ist meine Art nicht, hinter der Wahrheit weg zu spazieren. — Das können mir Ihr Wohlgebohren bezeugen, und Herr Holzhausen auch.

Jette. Die abscheuliche Tine! Ich wette, sie hat die Lüge nur geschmiedet, um sich wegen des Vorganges in unserm Hause zu rächen. Aber sie soll es bereuen. — Tine und Regine treten auf. Ha! ist sie das nicht, die dort herkommt?

Engeln sich umsehend. Ums Himmels willen! Sie ist wohl gar citirt. Lassen Sie mich nur aus dem Spiele, allerliebstes Jettchen! denn mit Frau Tinen mags der Guckguck aufnehmen.

Doktorin vor sich. Die Konfrontation mufs ich mit abwarten.

SECHSTER AUFTRITT.

TINE. REGINE. JETTE. ENGELN. DOKTORIN.

Jette. Immer näher, Base Tine! Wir haben ein Hühnchen mit einander zu pflücken. Viel gutes hab' ich Ihr zwar niemahls zugetraut. Aber für so schlimm hätt' ich Sie doch nicht gehalten.

Tine. Seht mir doch die Jungfer Naseweiſs! Zwackt sie nicht die Leute auf öffentlicher Gasse an?

Jette. Was hat Sie denn der Jungfer Engeln von mir gesagt, he?

Tine sich fremd stellend. Der Engeln? Ich?

Regine mit dem Finger auf die Engeln zeigend. O, das Plappermäulchen, das! Trage Sie's künftig im Futterale!

Engeln. Ich habe nichts verplappert. Die Frau Doktorin habens gethan.

Doktorin zankend. Was? ist Sie's nicht gewesen, die mir —

Engeln zu gleicher Zeit. Können Sie's in Abrede stellen, Ihr Wohlgebohren, daſs Sie —

Jette beyden in die Rede fallend. Gebt der Wahrheit die Ehre, Base Regine! Hat euch Tine nicht auch —

Regine kurz. Nichts, nichts! Ich habe nichts damit zu thun. Ich weiſs mich rein.

Jette gelassener zu Reginen. Aber wenn ihr selbst ein gutes Gewissen habt, so erklärt mir doch, wie die Klätscherey entstanden ist! Warum behauptet Tine, ich wäre gestorben, und mein Vater wäre nicht mein Vater?

Tine höhnisch. Da kann man mit Recht sagen: Viel Geschrey und wenig Wolle! Und daran ist kein Mensch Schuld, als die superkluge Jungfer Engeln, die sich in Herrn Holzhausen vergafft hat, und ihn vors Henkers Gewalt wieder fangen möchte.

Engeln halb weinerlich. Was bringt Sie mich nun aufs Tapet, Frau Tine? Hat Sie nicht uns beyden —

Doktorin mit Heftigkeit einfallend. Das ist horribel! Und mich um Ihrer Liebesavantüre willen mit in das Quiproco zu verwickeln! Mich, eine Frau von meinem Charakter!

Engeln wie vorher. Aber was kann ich denn dafür, Ihr Wohlgebohren, daſs Frau Tine — Rede Sie doch, Frau Regine! Sie ist ja dabey gewesen. Sie hat ja länger ins Papier geguckt, als ich.

Regine läugnet und wehrt sich durch Zeichen.

Jette von ihrem Erstaunen zurück kommend. Die Engeln in Holzhausen vergafft?

Tine geschwätzig. Und er wieder in sie. Element! Er hat ihr Blumen und Handschuhe und Nürnberger Pfefferkuchen, und was weiſs ich für Narrenspöſschen mehr geschenkt.

Engeln außer sich. Glauben Sie ihr kein Wort, Mamsellchen! Ich bin nicht die Person, die sich von jungen Herren beschenken läſst.

Regine gutmüthig und langsam. Schäme dich, Tine! du machst es auch zu arg. — Daſs die arme Tröpfin in den schönen Herrn verschossen ist, das ist, halt' ich, ein Unglück und keine Sünde. Und daſs er sie als ein hübsches Mädchen gerne gesehen hat, das ist ihm auch nicht zu verdenken. Aber laſs dir deſswegen keine graue Haare wachsen, Jettchen! Es ist vorbey, und Einspruch kann sie dir nicht thun, das hat gute Wege. — Was aber das *Corpus delictum* betrifft, das Tine bey sich trägt, so ist es leider! an dem, daſs man dich in Kölln begraben hat. Indessen hat das auch nichts zu bedeuten. Du wärst nicht die Erste, die man lebendig begraben hätte. Als meine Groſsmutter Hochzeit machte, so war eine gewisse Frau von Landau — Jetten anfassend. O! die Geschichte muſst du hören!

Jette macht sich los. Laſst mich zufrieden mit euren Geschichten!

Sie geht auf die andere Seite und wird nachdenkend.

Doktorin. Ich muſs mich nach Hause verfügen, um ein Pulver auf die Alteration zu nehmen. Sich umsehend. Antoine! He! Antoine!

Anton tritt wieder näher.

Geht hin und macht der Frau Senatorin tausend Exküsen. Sagt ihr, ich würde sie selbst mit meiner Abhaltung regaliren — Nein! sagt nur, ich hätte meine *Migraine.* —

Anton auf der andern Seite ab.

Doktorin fortfahrend. Jungfer Jette, ich bin weit entfernt, eine *Rancune* gegen Sie zu haben. — Aber so viel erhellt aus dem Wirwarre sonnenklar, daſs Sie nicht mehr auf Herrn Holzhausen rechnen darf. Herab sehend. Wenn ich Ihr sonst in der Folge dienen kann — mit Protektion, Rekommendation und dergleichen? Es ist keine gute Kondition in der Stadt, zu der ich nicht einen Kanal wüſste.

Ab in ihr Haus.

SIEBENTER AUFTRITT.

ENGELN. TINE. REGINE. JETTE.

Engeln weinerlich zu Tinen. Es ist aber doch recht himmelschreyend von Ihr, einer reputirlichen Person, wie ich bin, so eine Klette anzuhängen, bloſs und allein, um sich weiſs zu brennen. Ich wills Ihr schon gedenken, Frau Tine; wo ich hinkomme, will ich Ihr Löbchen preisen. Schluchzend. Adje, Frau Reginchen! ab.

Regine heuchlerisch. Adje, liebe Jungfer Engeln. Zu Tinen. Aber Tine, predige ich dirs nicht alle Tage vor! Deine Zunge ist zu gänge; sie wird dich noch in des Satans Küche bringen. Warum machst dus nicht, wie ich? Ich lasse die Sachen zu einem Ohr hinein gehen, und zum andern heraus, und bin mäuschenstille. Das macht Kredit bey Vornehmen und Geringen, und alle Leute haben mich zum Fressen lieb. Nicht wahr, Jettchen?

Klopft sie auf die Schulter und ab.

Tine geschwätzig. Höre nur, Jette! Ich kann nicht fuchsschwänzen, wie Regine; und du magst mirs nun glauben oder nicht, das ist mir einerley; aber meine Bude will ich verspielt haben, wenns mein Wille gewesen ist, dir Tort zu thun. Ich weiſs selbst nicht, wie's die zwey Affengesichter angefangen haben, mir mein Geheimniſs abzulockern. Denn ich bin eigentlich sehr verschwiegener Natur. Aber sieh nur! Du trägst das Näschen auch zu hoch, und traktirst unser einen als Bakatell. Das verschnupft; und wenn der Topf ins Kochen kommt, so läuft er über, und wer just dabey steht, verbrennt sich die Finger.

Tine will abgehen, als sie aber die Andern kommen sieht, schleicht sie wieder zurück und horcht.

ACHTER AUFTRITT.

HOLZHAUSEN. SCHÖNEMANN. JETTE. TINE.

Holzhausen im Kommen. Wir suchen Ihren Vater, liebes Jettchen.

Jette sich ermunternd. Meinen Vater? Ach darf ich ihn noch so nennen?

Schönemann bedenklich. Es ist ein wunderliches Gerücht. Aber widerlegen kanns doch keiner von uns, als er.

Jette. Wenn er es nur nicht selbst bestätigt!

Schönemann. Im Vertrauen, Kinder — gestern Abend — zu Jetten du lagst schon auf dem Ohr — und wir safsen noch bey einem Glas Punsch — ich und Gevatter Adrian — und rauchten, und schwatzten von deinen Kinderjahren und deiner Brautgeschichte und so weiter. Da gab er mir verblümt zu verstehen, dafs er so eigentlich dein Papa nicht wäre — Anfangs stutzt' ich — nachher dacht' ich bey mir selbst, dafs das Ding wohl ganz natürlich zugehen könnte — und drang nicht weiter in ihn. Aber jetzt kommt mirs doch bedenklich vor.

Jette. Aber wenn ich nicht Adrians Tochter bin, wer bin ich denn?

Schönemann. Da liegt eben der Hund begraben. Da er doch niemahls etwas davon gelallt hat — nicht einmahl gegen mich, seinen Gevattersmann und alten Spezial — so mufs sichs wohl nicht gut laut sagen lassen.

Jette. Ach, wie wird sich dieses Geheimnifs aufklären! Was wird aus mir und meiner Liebe werden! Die Frau Doktorin hat mich schon nachdrücklich gewarnt, meine Ansprüche auf Holzhausen aufzugeben.

Schönemann spöttisch. Dazu hat sie ihre guten Ursachen. Jetzt kann sie wieder selbst ihr Netz nach ihm auswerfen.

Holzhausen verwundert. Wie?

Schönemann trocken. Nicht für sich — ihre Inklination ist der König Pharao — aber für ihr feuerfarbnes Nichtchen.

Holzhausen. Sie machen mich zu lachen, so wenig lächerlich es mir auch ums Herz ist.

Schönemann. Haben Sie das Plänchen nicht lange gemerkt?

Jette ängstlich. Ach, lieber Holzhausen, und Sie lassen Sich gewifs fangen; Sie stehen schon so ganz unter ihrem Kommando!

Holzhausen. Nicht ihr Kommando fürcht' ich, aber ihren intrikanten Charakter. Ich habe sie beleidigt; sie vermag alles über meinen Vater; und wenn sie ihn bey seiner Geldliebe zu fassen sucht — bin ich verlohren.

Schönemann sinnend. Wir müssen ihr das Koncept verrücken. Sie sollen mich nicht umsonst zum Freyersmann genommen haben. Auf Jettchen zeigend. Ich habe die Kleine so groſs gekannt — ich hab' ihr manches Spielzeug mitgebracht — und manches Mährchen und Histörchen erzählt, wenn gleich nicht so zierlich und possierlich, als sie jetzt in der — Dings — in der blauen Wunderbibliothek — heiſsts nicht so? zu lesen sind — ich will sie auch unter die Haube bringen.

Jette und Holzhausen freudig. Ach, Sie bester Herr Schönemann!

Schönemann. Stille nur, bis ich mich explicirt habe! — Wegzuwerfen hab' ich nichts. Man braucht gar zu viel, um zu leben. Wenn ich aber nichts mehr brauche, soll Jette alles haben. Zu Holzhausen. Glauben Sie, daſs Ihr Herr Papa kapabel ist, sich mit so einer Hoffnungsausstattung zu begnügen?

Holzhausen. Sie sind allzu gütig, edler Freund!

Beyde ihn umringend und liebkosend. Wir werden Sie zeitlebens als unsern Wohlthäter —

Schönemann einfallend. Pah! spart euren Dank bis auf meine Leichenpredigt!

Tine die indessen näher getreten ist. Es ist doch nichts schencröser, als ein alter Junggeselle.

Schönemann verwundert. Wo kommt Sie denn her, Frau Tine? Sie hat auch die Ohren überall.

Tine. Sie thun, meiner Treue, ein gutes Werk. Was Sie dazu treibt, Herr Schönemann, lassen wir an seinen Ort gestellt seyn. Gedanken sind zollfrey.

Schönemann. Frau Tine! bey der nächsten Heiligsprechung in Rom will ich Sie zum Teufels-Advokaten rekommandiren.

Tine. Hum! Ihre Einfälle gemahnen mich just, wie Ihre Locken. Viel Puder und wenig Haare. Worte genug und nichts dazu. — Sehen Sie Sich um! Da kommt der abgesetzte Papa.

NEUNTER AUFTRITT.

ADRIAN. VORIGE.

Jette geht ihrem Vater entgegen. Ach, Vater! lieber Vater! Seyd ihrs, oder seyd ihrs nicht?

Adrian verdriefslich. Ich bin Adrian, so viel ich weifs.

Jette traurig. Aber nicht mein Vater?

Adrian trocken. Nein.

Jette. Holzhausen. Tine. Schönemann. Nein?

Jeder mit dem seiner Art von Theilnahme angemessenen Tone.

Adrian. Wer hats euch denn schon verplaudert?

Tine. Ich nicht.

Jette. Ach, und wer ist denn mein Vater?

Adrian. Das wirst du sehen.

Jette. Er lebt noch?

Adrian. Ich dachte, er wäre längst leck und gestrandet; und eben krieg' ich einen Brief aus Amsterdam, dafs er dort mit vollen Segeln eingelaufen ist, und ehester Tage hier seyn wird.

Tine neugierig. Ohne Zweifel ein Mann bey der Stadt?

Adrian. Ein Mann, gegen den ich nur ein kleines, kleines Licht bin. — Glück zu, Jette! Du gewinnst beym Tausche. Das arme Schiffer-Mädchen wird die Tochter eines grofsen reichen Kaufmanns aus Batavia.

Tine vor sich. Ein grofser reicher Kaufmann aus Batavia? Das mufs ich ausbreiten. Das wird ein Lauffeuer geben! Eilig ab.

Schönemann. So fallen die Väter vom Himmel herunter.

Adrian. Nun, Jette! steckst du nicht die Freuden-Flagge auf?

Jette. Ich fühle jetzt nur den Schmerz, Euch zu verlieren.

Holzhausen. Und ich wünschte, Sie zum Schwiegervater zu behalten.

Schönemann. Der Ostindienfahrer kommt mir selbst ungelegen.

Adrian. Meinetwegen hätte er auch nicht nöthig gehabt, die Linie retur zu passiren. — Es fällt mir schwer, mich von dem Mädchen zu trennen. — Aber ich bin gewissenhaft. Lebhaft. Ein anvertrautes Pfand mufs man zurück geben, und wenn der Eigner ein Türk oder ein Heide wäre.

Schönemann. An dem Zuge erkenn' ich meinen ehrlichen Gevatter.

Jette sich an Adrian schmiegend. Ihr bleibt mir aber doch ein Bischen gut?

Adrian den Arm um sie schlingend. Du! mache nicht, daſs meine Augen Wasser ziehen!

Holzhausen. Bleiben Sie mir auch gut, Herr Adrian! Ich bedarf Ihrer Freundschaft mehr, als jemahls.

Adrian ihm die Hand drückend. Wem ich meine Hand Einmahl gereicht habe, der kann nun und immer auf mich rechnen.

Schönemann der nach der Uhr gesehen hat. Jedes Ding hat seine Zeit, auch die Herzens-Ergieſsungen. — Die Theestunde hat geschlagen.

Adrian. Herr Gevatter, Ihm geht doch das Schnabeliren über alles.

Schönemann. Freylich, darum sind wir beyde auch so dicke Freunde. —

Jette und Holzhausen gehen voran. Adrian und Schönemann folgen.

ZEHNTER AUFTRITT.

DOKTORIN auf dem Balkon. SCHÖNEMANN.

Doktorin herunter rufend. Herr Schönemann!

Schönemann sich nach ihr umsehend. Um Vergebung. Ich bin schon engagirt.

Will ab.

Doktorin. Nur ein einziges Wort!

Schönemann bleibt stehen. Dabey lassen es die Damen nicht bewenden.

Doktorin. Sie sind Jettens Patron von Kindesbeinen an gewesen. Sie haben Sich immer mit ihr geschleppt und geplagt und geziert, daſs es eine Lust war.

Schönemann. Ich bin überhaupt ein Kindernarr.

Doktorin. Wenn Sie also honett dächten, Herr Schönemann —

Schönemann. Zum Teufel! Zweifeln Sie daran?

Doktorin. Das eben nicht. Aber dann sollten Sie auch jetzt —

Schönemann. Was?

Doktorin. Sich ins Mittel schlagen, Jetten ausstatten.

Schönemann. Ihr guter Rath kömmt zu spät. Es ist schon geschehen.

Doktorin in die Hand klopfend. Das wollt' ich nur hören. — Jetzt weiſs ich auch, wer der Papa ist.

Schönemann bedeutend. Ich auch.

Doktorin lachend. Wenn Sie's nicht wüſsten! — Neugierig. Wird er bald im Publiko erscheinen?

Schönemann. Ohne Zweifel.

Doktorin vertraulich. Gegen mich könnt' er wohl sein Inkognito ein wenig früher ablegen.

Schönemann. Wie so?

Doktorin wichtig. Ich bin diskret.

Schönemann spöttisch. Das ist weit und breit bekannt.

Doktorin. Mein lieber Mann ist des heiligen Römischen Reichs Hof- und Pfalzgraf; er hat schon mehr alten *Garçons* in dergleichen Gewissensfällen mit Rath und That beygestanden, und die Gebühren sind ein Extraprofitchen für meine Spielkasse.

Schönemann feyerlich. Ich bedauere von Herzen, daſs ich Ihnen keinen Beytrag zu dieser Rubrik liefern kann. Will ab.

Doktorin spöttisch. Adje, mysteriöser Herr Kindernarr!

Schnell ab.

Schönemann im Gehen, lachend. Adje, diskrete Frau Hof- und Pfalzgräfin!

ab.

Ende des zweyten Akts.

DRITTER AKT.

Voriger Platz.

ERSTER AUFTRITT.

REUTER. GUMBRECHT.

Gumbrecht. Schau der Herr! Hier sind wir auch noch nicht gewesen. Mey, was fehlt dem Plätzchen? Obs nicht ist so galant und schmucker, wie im Paradies, sag' er?

Reuter verdrieſslich. Ach! ich bin des Herumlaufens müde —

Gumbrecht. Mey, kann sich doch der Herr thun niedersetzen, wenn er marode ist. Die Kanapees kosten nichts.

Reuter setzt sich, trocknet sich die Stirne und macht sichs bequem.

Gumbrecht. Das heiſsen sie die Splanade, schaut er? Mey, da gehts her zur Meſszeit, wie in London und Paris — Gelaufen, gefahren, geschachert, gemaust, gebaxt, gekaressirt, alles durch einander — kein Hahn kräht darnach.

Reuter. Wenn du mir für dein Plaudern den Adrian schafftest! —

Gumbrecht einfallend. Der soll uns nicht entgehn. Hab' der Herr nur Geduld! Mey, wir sind noch nicht am Ende der Stadt; wir können noch lange suchen thun, bis Nacht wird.

Reuter gähnend. Warum hast du mir aber weiſs gemacht, daſs du hier so bekannt wärst, als ein Budel?

Gumbrecht. Bin ichs etwan nit? Mey, ich kenne alle Gassen und Straſsen, alle Kirchen und Paläs, alle Gasthöfe und Herbergen, alle Kramläden und Kontors, alles — Schaun Ihr Gnaden das groſse Haus! — da wohnt eine Frau Doktorin; Griffeln heiſst sie — Mey, der ihr Griffel schreibt! — da gehts her — flott! aus anderer Leute Beutel, schaut er? Macht die Pantomime des Kartenabziehens. Deux verliert! Neuf gewinnt! — Läſst mancher Schöps von Muttersöhnchen in einem Abend 20 Louisd'ors sitzen thun, zwanzig Louisd'ors, ihr Gnaden, so wahr ich heiſse Gumbrecht.

Reuter der indessen seine Uhr aufgezogen hat. Ungeduldig. Du bist ein Schwätzer; schaffe mir den Adrian, sag' ich, oder —

Gumbrecht. Mit Permission, Ihr Gnaden —

Reuter. O bleib mir mit Ihr Gnaden vom Halse!

Gumbrecht. Mey, sey der Herr nur nicht böse! — Es is ja nit geschimpft. Herr Reuter hat mehr Gnade zu verschenken, als mancher, der sich läſst beexcellenzen thun — Herr Reuter also — weil ich soll nit mehr sagen Ihr Gnaden — Er ist auch gewaltig erpicht auf den Adrian!

Reuter. Ich hab' ihm das Liebste anvertraut, das ich auf der Welt habe.

Gumbrecht. Geld? O, weih mir! Es wird mir ganz schwarz vor die Auge; nu weiſs ich auf einmahl, warum der Mann nit ist auszufrage — nirgends. Mey, er hat eine gute Nase gehabt — Adje Geld! Adje Partie!

Reuter. Mein Kind, mein einziges Kind lieſs ich zu Amsterdam in seinen Händen, als ich mich nach Batavia einschiffte.

Gumbrecht. Weiter nichts, als — ein Kind?

Reuter. Ein allerliebstes Mädchen von fünf Jahren! —

Gumbrecht. Ein Schicksel? Desto besser! Herr Reuter kann wenigstens seyn sicher, daſs der Adrian sie nit thät verschachern thun an die Seelenverkäufer.

Reuter. Aus alter Freundschaft, aus Mitleiden mit meinen verfallenen Umständen — nahm er sie zu sich — Ich übertrug ihm alle meine Rechte. Nur auf den Fall, daſs mich mein Schicksal nach Europa zurück brächte, behielt ich mir die Befugniſs vor, sie zurück zu fodern.

Gumbrecht. Mey! ist doch mancher Mensch geboren unter einem glücklichen Glücksstern, das ist die Wahrheit. Wo unser einer sich muſs schinden thun all sein Lebtag, da macht der Adrian, ohne eine Hand aufzuheben, durch eine bloſse blanke Spekulation, so einen horrenden Schlag.

Reuter. Wie das?

Gumbrecht. Von wegen des Kostgelds, mein' ich — Glaubt Herr Reuter, der Adrian wirds ihm schenken thun? Ich glaub's nicht.

Reuter. O, wie gerne will ich ihm seine Auslagen bey Heller und Pfennig vergüten, wenn er nur mein Kind wohl erzogen hat!

Gumbrecht. Mey! wird die Jungfer Tochter nicht springen Decken hoch, über den reichen Papa, Gott behüt' ihn! Ich wollte selbst noch tanzen auf Einem Bein bis nach Constantinopel, wenn mir thät so ein gebratnes Täubchen ins Maul fliegen!

Reuter. Ich bin so reich nicht, als du dir einbildest. Auch habe ich manchen schon im Hospitale sterben sehen, den man ein paar Jahre zuvor für einen Nabob hielt.

Gumbrecht. Nehm' mirs der Herr nicht übel! wers Geld lieb hat, den hats Geld wieder lieb. — Auf Herr Reutern wollt' ich pariren — Ihn auf die Achsel klopfend. Da bleibts von nun an bis in Ewigkeit, Amen.

Reuter. Hast du mich so ausgelernet, Jude?

Gumbrecht. Mit Permission! Ich bin mit dem Herrn gereist. Ich mag wohl seyn ein dummer Teufel, weil ich nichts bin als ein Lump. Aber thut ein Passaschier, wie Herr Reuter, auf der Station das Trankgeld aus allen Täschchen und Beutelchen zusammen suchen — mey! da weiſs ich auch, wie viels geschlagen hätt.

Reuter. Hoffentlich hab' ich heute das letzte Reisegeld ausgegeben. Ich will die paar Jahre, die ich noch zu leben habe, in meinem Lehnstuhle sitzen bleiben und ausruhn.

Gumbrecht. Wohl dem, ders kann! Mey! was hat man vom Reisen? Geht man zu Schiffe, so steht einem das Wasser an der Kehle; setzt man sich auf die Post, so wird man umgeworfen; nimmt man einen Gaul, so reitet man sich zu Schanden;

zu Fuſs kriegt man Blasen auf den Sohlen. In den Wirthshäusern wird man beschummelt; und will man kampiren thun unter freyem Himmel, sie schneiden einem, Gott verzeih' mir! gar die Kehle ab. — Die Welt ist groſs! — Voriges Jahr war ich in Petersburg. Über London bin ich Retur gekommen. Da giebts Geld! Gesehn hab' ichs, gesehn die schwere Last. Aber Mey! was hilfts? so lange man nit darf todt schlagen thun, die das Geld haben —

Reuter ist eingeschlafen. Gumbrecht wehrt ihm von Zeit zu Zeit die Fliegen ab, und benimmt sich im Eifer der Erzählung so unsanft dabey, daſs Reuter von einem Schlage erwacht.

Reuter die Augen aufreiſsend. Was macht der Tolpel?

Gumbrecht erschrocken. Mit Permission! Die Fliegen thun den Herrn inkommodiren —

Reuter rasch aufstehend. Wenn ich mich nicht selbst nach Adrian umthue, stehst du hier und plauderst bis morgen.

Will ab, erblickt Tinen.

Hui! — Ich will die Frau dort anreden, — sie sieht ganz freundlich aus — vielleicht weiſs sie Bescheid.

ZWEYTER AUFTRITT.

TINE geht über das Theater.

REUTER. GUMBRECHT.

Reuter sie anrufend. Mit Erlaubnifs, junge Frau!

Tine bleibt stehen. Dienerin, meine Herren!

Reuter geht zu ihr. Wir suchen — können wir vielleicht bey Ihr —

Tine einfallend. Zu dienen. Bey mir können die Herren alles haben, alles, was Sie brauchen. Und ich bin keine von denen, die einen fremden Passaschier übers Ohr hauen.

Ihn von oben bis unten musternd.

Ihrem Rock sieht mans auch an, dafs Sie von der Reise kommen. Er hat einen neuen verdient. Ich weifs just einen für Ihre Gröfse. Ein Frack, wie er vom Schneider kommt! Er mufs Ihnen sitzen, wie angegossen. Wenn Sie mir die Ehre geben wollem — ich wohne nur zwey Schritte von hier.

Reuter. Vor allen Dingen suchen wir einen gewissen Adrian —

Tine. Adrian? Der vor vielen Jahren das Marktschiff nach Kölln fuhr?

Reuter. Eben den. Kennt Sie ihn?

Tine. Zu dienen. Es ist mein Herr Vetter.

Gumbrecht. Na, da sind wir gekommen vor die rechte Schmiede.

Reuter. Hält er sich jetzt hier auf?

Tine. Zu dienen.

Reuter. Kann Sie uns nicht sagen, wo er wohnt?

Tine. O, nichts leichter. Wenn Sie um die Ecke sind, schlagen Sie Sich in das kleine Gäſschen links; dann kommt ein Kirchhof, den lassen Sie liegen; von da in die Rittergasse; hernach über den Steg; und so fort immer der Nase nach, bis Sie auf den Fischmarkt kommen; das vierte Haus rechter Hand, verstehen Sie?

Reuter. Sehr verbunden!

Tine. Es ist gern geschehen.

Reuter im Abgehen zu Gumbrecht. Hast du dirs gemerkt?

Gumbrecht. Mey, was man nicht hat im Kopfe, muſs man haben thun in den Beinen.

Will mit Reutern ab.

Tine ruft Reutern nach. Mit Verlaub, meine Herren! Warten Sie doch lieber bis morgen! Sie finden ihn just in vollem Rumor. Seine Tochter hat heute Verlöbniſs.

Reuter sich lebhaft umdrehend. Seine Tochter?

Tine. So genannte. — Geheimnifsvoll. Eigentlich hat sie einen andern Papa.

Reuter kommt wieder näher, mit Verwunderung. Wie?

Gumbrecht geht auch wieder vor, bleibt aber seitwärts stehen und macht sich mit seinen Waaren zu thun.

Tine. Ja, nichts wird so klar gesponnen, es kommt doch endlich an die Sonnen, oder, wie man zu sagen pflegt, es wird lange von einem Dinge gemummelt, bis es ausbricht. Die Verwandten schlugen an die grofse Glocke; da mufste der Herr Vetter wohl beichten.

Reuter näher zu ihr tretend, mit Theilnahme. Heifst das Mädchen nicht Jette?

Tine. Richtig, so heifst das Aftermühmchen. Sie dachte schon, sie wär's. Solche Einschiebsel darf man in einer Freundschaft nicht leiden.

Reuter zu Gumbrecht, freudig, aber halb laut. Sie lebt noch! Ein Stein ist mir vom Herzen.

Tine. Es ist Schade ums Mädchen!

Reuter zu Tinen, erschrocken. Wie? Ist sie übel gebildet?

Tine. Nichts weniger, ein Lärvchen wie Milch und Blut! Und dabey gewachsen wie ein Döckchen. Element, das lebt und schwebt und dreht und schwenkt sich, wie ein Tanzmeister.

Reuter immer dringender. Aber Sie sagte ja, es wäre Schade?

Tine. Ja, die Schapos haben an so was ihren Spaſs, und begaffens und bewunderns; dadurch wird ein Mädchen schwindlich. Der Hoffahrtsteufel fährt hinein; die Liebe fängt sich an zu regen; und die Nachbarschaft kriegt ein Skandal. Ist das nicht Schade? Ist das nicht Schade?

Reuter. Sie steht also nicht im besten Rufe?

Tine mit äuſserster Geläufigkeit der Zunge. Das bleibt nicht aus. Die Leute sind hier gar schlimm. Ich für mein Theil glaube nicht die Hälfte. Aber weil ein gewisser Herr Schönemann — die Jugend sticht ihn freylich nicht —; schiefe Beine hat er auch, und was dergleichen mehr; aber es ist ein reicher Junggeselle, und Adrians Gevatter; noch ein Erbstück von der seligen Frau! die konnte ohne einen Gevatter nicht leben. Der liegt Tag für Tag dort, sehen Sie! er kommt gar nicht weg; wenn er nur dann und wann hinginge! aber Tag für Tag!

Reuter mit steigender Aufmerksamkeit. Nun? Aber er nimmt sie, hab' ich verstanden.

Tine. Der nimmt sie nicht. Herr Holzhausen nimmt sie. Aber Herr Schönemann hats so — bedeutende Pantomime Sie verstehen mich schon? so mit ihm abzukarten gewufst. Element! er setzt Jetten zum Erben ein. Das ist kein Pfeifenstiel. Aber das giebt ein neues Gerede.

Reuter sich wehmüthig zu Gumbrecht wendend. Mein Kind! mein einziges Kind! hab' ich mich darum auf sie gefreuet?

Gumbrecht zu Reutern. Mey, was hilft das Lamentiren? Es ist der Welt Lauf. Grofse Töchter, grofse Sorgen. So die Kirschen roth werden, thun die Sperlinge darnach fliegen.

Tine sich Reutern nähernd. Mit Verlaub! was haben denn die Herren für Heimlichkeiten? Was geht Sie denn Muhme Jette an, dafs Sie mich so ausfragen?

Begleitet diese und jede der folgenden Fragen mit einem Knix, der nach dem Mafs ihrer Neugier mehr oder weniger tief ist.

Reuter zu Gumbrecht. Verrathe mich nicht!

Tine mit steigender Neugierde. Um Vergebung, kennen Sie etwa den Herrn Papa?

Reuter. Ja.

Tine. Sie sinds doch wohl nicht selbst unmafsgeblich?

Reuter. O, nein!

Tine. Hören Sie! ist er denn wirklich so reich, als ihn die Leute machen?

Reuter. Jeder weiſs am besten, wo ihn der Schuh drückt.

Tine. Hum! Ich hab's gleich gedacht, daſs was abginge. —

Auf Gumbrecht zeigend.

Wer sind der andere Herr, erlauben Sie?

Reuter. Mein Reisegefährte.

Tine wie vorhin. Am Ende sind das gar der Herr Papa; sind Sie's?

Reuter verdrieſslich. Frage Sie ihn selbst! Vor sich. Ich mag die Kreatur nicht für mein Kind erkennen.

Geht gedankenvoll nach dem Hintergrunde des Theaters,

Tine sich Gumbrecht nähernd. Mit Verlaub, mein Herr! —

Gumbrecht sieht sich um. Mey!

Tine prallt erstaunt zurück. Ih, das ist ja — lachend Element, das ist, so wahr ich lebe, Brillen-Gumbrecht.

Gumbrecht. Mey, kennt Sie mich?

Tine. Ich werde ja, hahaha!

Gumbrecht. Mey! ich soll die Frau auch kennen thun.

Tine. Hast du welche mitgebracht? recht hell und scharf?

Gumbrecht. Mey, das mein' ich. Ebbes rares! Indem er eine Brille aufsetzt. Dadurch kann die Frau lesen thun die klärste Schrift bey stockfinstrer Nacht. Kann ich ihr diene?

Tine verächtlich. Ich brauche keine.

Gumbrecht. Mey, das mein' ich. Sie hat ein Paar Augen im Kopf, wie ein Falk. Aber was hilfts? Es ist alles eitel. Wenn Sie alt wird, vertrage Sie mir die Kundschaft nicht!

Tine ihm den Rücken kehrend. Wenn ich alt werde, dummer Peter!

Reuter vor sich, indem er auf die andere Seite geht. Ich will mich verstellen — ich will mich mit eignen Augen von der Wahrheit überzeugen —

Gumbrecht. Wenn Sie sonst Lust hat, ebbes zu schachern — ich führ' auch Nähnadeln, Stecknadeln, Federmesser, Scheeren —

Reuter fafst ihn beym Arm. Komm, alter Vater! du vergifst die Hauptsache!

Zieht ihn mit sich fort.

Alle Drey fast zu gleicher Zeit.

Gumbrecht im Abgehen. Hemdeknöpfe, Lichtputzen, Schnallen, Englisch, alles Englisch, und spottwohlfeil. —

Tine Reutern nachlaufend. Ach lassen Sie doch noch ein Wörtchen mit Sich reden! Ist er auch gewiſs der Herr Papa? Ist ers wirklich? Im ganzen Ernst?

Reuter im Abgehen. Ungeduldig. Ja doch, ja, ja, ja.

Reuter und Gumbrecht gehen ab.

DRITTER AUFTRITT.

TINE allein.

Nä, so toll kann man sichs nicht träumen lassen! Der groſse reiche Kaufmann aus Batavia — ein Mauschel! Lacht. Wie wird die stolzirende Jungfer Jette von ihrer Ehrenstaffel herunter plumpen! wie wird sie die Flugel hängen lassen! Und der gravitätische Herr Bräutigam, der in seinen Gedanken schon auf dem Bürgemeisterstuhle sitzt, wird er nicht ein Paar Augen aufreiſsen, und die Hände über den Kopf zusammen schlagen, und sich kreuzigen und segnen! Lacht. Wenns die Leute nur schon wüſsten! Wenn mir nur gleich jemand Bekanntes aufstieſse! Lacht. Ach, ich kanns vor Jubel nicht erzählen. Ich muſs mich erst auslachen. Lacht. Ich ersticke. Ich platze. Ich lache mich todt. Lacht.

VIERTER AUFTRITT.

Ununterbrochen rasches Spiel.

REGINE. ENGELN. TINE.

Regine von weitem rufend. Ey, ey, Tine! bist du gescheid oder albern? Du lachst auf deine eigne Hand?

Tine. Gut, daſs ihr kommt. Ihr sollt mir lachen helfen! ich kann nicht mehr.

Halt sich die Seiten.

Regine und Engeln. Na, was giebts denn zu lachen?

Tine. Der Papa ist gekommen.

Regine. Jetten ihr Papa?

Tine. Wie du rathen kannst!

Engeln. In einem schönen Englischen Wagen vermuthlich?

Tine. Englischen Wagen? Ha ha ha! — Ja, auf der ordinären, als blinder Passaschier — oder wohl gar mit eigner Gelegenheit, wie ein wandernder Geselle.

Regine verwundert. Was? Ist er denn so ein Geitzhals?

Engeln. Ich dacht', er wäre steinreich?

Tine. O, das Geld fällt ihm zu den Taschen heraus; ich hab' ihn gesehn.

Beyde. Gesehn?

Tine. Und gesprochen.

Regine. Gesprochen? Wie ist denn das zugegangen?

Tine. O, wir sind alte Bekannte.

Regine. Du kennst ihn?

Tine. Ihr kennt ihn auch. Die ganze Stadt kennt ihn.

Beyde. Nicht möglich! Nu? wer ists denn?

Tine. Besinnt ihr euch noch auf den Schlukker, der sich sonst alle Messen bald die Beine ablief, mit seinem Kästchen unterm Arm und seinem Zauselbart?

Beyde. Weiter!

Tine. Der ists, der, der!

Beyde. Ein Jude?

Tine. Zu dienen. Mit Ehren zu melden: Brillen-Gumbrecht.

Engeln. Ach, Sie hat uns zum besten, Frau Tine.

Regine. Geh, geh, bleib nicht in der Lüge stecken!

Tine. Er hat noch einen Kameraden bey sich, einen Hutzelmann, wie er. Sie sehen beyde aus wie die Strauchdiebe! Ich hätte auf ihre Röcke zusammen keinen Gulden geboten.

Regine. Na, bald halt' ichs doch für Ernst.

Engeln. Ich fang's selbst an zu glauben. Das arme Jettchen!

Tine. Ihr könnts glauben, ihr könnts nachsagen, ihr könnts beschwören. Es ist Papa Gumbrecht! ha ha ha!

Schönemann und Holzhausen treten auf.

Regine schnell. Papa Gumbrecht! ha ha ha!

Tine und Regine lachen.

Engeln. Aber wie kann man über anderer Leute Unglück lachen?

Tine. Ey, warum giebts so lächerliche Unglücke!

Fährt nebst Reginen fort zu lachen.

FÜNFTER AUFTRITT.

SCHÖNEMANN. HOLZHAUSEN. TINE. REGINE. ENGELN.

Schönemann ruft von weitem. Diener, meine lustige Kompagnie!

Holzhausen halb laut zu Schönemann. Sie wollen Sich doch nicht mit den Weibern abgeben?

Schönemann zu Holzhausen. Es ist ja auch ein hübsches Mädchen dabey. Und sie haben immer etwas Neues.

Kommt näher.

Na, was wird denn da gekickert und geflüstert? Darf mans nicht auch hören?

Tine die indessen mit Reginen und der Engeln heimlich gesprochen hat. O ja, Herr Schönemann. Und Sie, als Gevatter, vor allen andern.

Schönemann. Nun?

Tine. Sie könnens auch sehen, wenn Sie wollen.

Holzhausen näher tretend. Was ist denn zu sehen?

Tine. Das Wunderthier. Sie brauchen kein Geld dafür zu geben.

Schönemann. Was denn für ein Wunderthier?

Die folgenden Reden vorzüglich schnell auf einander.

Regine. Die fremde Herrschaft —

Tine. Der grofse reiche Kaufmann aus Batavia —

Regine. Der Alte, der sein Püppchen holen will —

Tine. Kurz, der Papa von Ihrem herzallerliebsten Jettchen. Eben hab' ich die Ehre gehabt ihn zu bewillkommen, ich.

Schönemann und Holzhausen. Wie?

Tine. In eigner hoher Person, und seinen Kameraden gleichfalls.

Schönemann und Holzhausen. Wo? Wann?

Tine. Hier, vor einem kleinen Weilchen; er ist kaum weg; er hat schöne Waaren bey sich; er hat sie mir angeboten.

Schönemann spöttisch. Ein Kaufmann, wie er, wird Waaren bey sich führen!

Tine. Doch, doch, den ganzen Plunder.

Regine. Sein Gewölbe wird ihm nicht viel Miethe kosten.

Schönemann. Um Vergebung! Sind wir schon in den Hundstagen?

Holzhausen. Aus den Närrinnen ist kein vernünftiges Wort zu bringen.

Will ab.

Engeln ihn haltend. Warten Sie, Herr Holzhausen! Ich will Ihnen das Räthsel auflösen. Ich habe meinen Greuel an den schadenfrohen Weibern. Aber die Wahrheit mufs an den Tag kommen. Der Papa ist leider hier —

Schönemann. Desto besser; so brauchen wir nicht mehr auf ihn zu warten.

Tine. Aber wer der Papa ist —

Regine einfallend. Das müssen Sie rathen!

Schönemann. Ich trinke den Brunnen. Ich darf meinen Kopf nicht anstrengen.

Engeln. Es ist — das Wort stirbt mir auf der *Zunge* — Es ist der Mann — der — Ebräer, der mit Brillen schachert —

Schönemann. Wie?

Tine und Regine einfallend. Und mit Nähnadeln, Stecknadeln, Federmessern, Scheeren.

Holzhausen einfallend. Ihr gehört alle zusammen ins Tollhaus.

Engeln weinerlich. Ach, Herr Holzhausen! Wenn Sie mir ins Herz sehen könnten, Sie würden mir anders begegnen. Ich möchte weinen, daſs man Sie so hintergangen hat. — Ja, man kann heute zu Tage nicht vorsichtig genug seyn. Redlichkeit ist jetzt so rar wie Gold. Schluchzend. Und dem ungeachtet — wenn auch ein feiner Herr manchmahl eine gute Sorte Mädchen findet, so weiſs der Zehnte doch sein Glück nicht zu schätzen.

Ab, indem sie sich die Augen trocknet.

Regine zu Holzhausen. Der Herr kann ja mit dem Schwiegerpapa in Kompagnie treten. Der gewinnt an jedem Stückchen 50 Procent.

Ab.

Tine auf Schönemann zeigend. Und wenn dem Herrn die Augen ablegen, so hat er die Brillen aus der ersten Hand.

Ab.

SECHSTER AUFTRITT.

SCHÖNEMANN. HOLZHAUSEN.

Sie sehen einander an.

Holzhausen. Sie sagen nichts, Herr Schönemann?

Schönemann. Ich denke desto mehr.

Holzhausen. Sinds nicht abscheuliche Kreaturen?

Schönemann. Um Verzeihung! Auf die Jungfer Engeln laſs' ich nichts kommen.

Holzhausen. Es ist keine um ein Haar besser, als die andere.

Schönemann. Sie hat gewiſs ein gutes Gemüth. Sahen Sie nicht, daſs ihr die Thränen in den Augen standen?

Holzhausen. Sie hilft die Lüge bekräftigen. Ob aus Einfalt oder aus Bosheit, das gilt mir gleich.

Schönemann. Wenns aber keine Lüge wäre?

Holzhausen heftig. Keine Lüge? Jette — eine Jüdin?

Schönemann. Unmöglich ist es nicht, und unwahrscheinlich klingt es auch nicht. Halten Sie's nur mit Adrians eignen Reden zusammen! Haben Sie überhört, was er vorhin von seiner Gewissenhaftigkeit gegen Türken und Heiden prahlte?

Holzhausen. Ein so reitzendes Mädchen — eine Jüdin?

Schönemann. Es giebt ja Lärvchen genug unter ihnen, vor denen sich ein getauftes Christenantlitz verkriechen muſs. Ich hab' ihrer selbst ein Paar gekannt, die —

Küſst die Fingerspitzen der rechten Hand.

Holzhausen. Und Adrian hätte uns beyde hinters Licht geführt? — Ihr ehrlicher Adrian wär' ein so ausgemachter Schurke?

Schönemann. Es thut mir leid, daſs unsere Gevatterschaft ein so schmutziges Ende nimmt.

Holzhausen. Ich Unglücklicher! was soll ich thun?

Schönemann. Um Vergebung — nichts.

Holzhausen. Wie?

Schönemann. Sie verhalten Sich passive.

Holzhausen. Wie verstehen Sie das?

Schönemann. Sie lassen die Liebschaft in aller Stille fallen.

Holzhausen auffahrend. Herr Schönemann!

Schönemann. Ans Heirathen werden Sie unter so bewandten Umständen doch nicht denken?

Holzhausen trotzig. Warum nicht?

Schönemann verächtlich. Eine Jüdin?

Holzhausen die Achsel zuckend, nachlässig: Vorurtheil!

Schönemann ihn auf die Schulter klopfend. Um Vergebung, Herr Holzhausen! Glauben Sie's einem, der sich die Hörner abgelaufen hat! Es scheint nichts leichter, als über ein Vorurtheil wegzuspringen. Aber mancher verspringt sich darüber das Bein, und muſs zeitlebens lahm sitzen.

Holzhausen kalt. Das ist meine Sache.

Schönemann. Aber Sie vor Schaden zu warnen, ist die Sache Ihrer Freunde.

Holzhausen. Ich bin alt genug, mir selbst zu rathen.

Schönemann. Und ich dringe meinen Rath niemanden auf. Ich bin — um Vergebung — zu bequem, mich um andrer Leute dumme Streiche zu bekümmern. Vor sich. Mir ist bange, daſs ich selbst noch einen begehe.

Holzhausen halb vor sich. Ich wollte, die Entdeckung wäre nach der Hochzeit gekommen.

Schönemann halb vor sich. Ich wollte, ich hätte die Jungfer Engeln nicht weinen sehen.

SIEBENTER AUFTRITT.

JETTE. SCHÖNEMANN. HOLZHAUSEN.

Jette eilig, von weitem rufend. Ach, meine Herren, wissen Sie nichts von meinem Vater? — Er ist angekommen. Er ist auf der Esplanade gesehen worden. Er muſs noch in der Nähe seyn. Ich bin hieher geflogen, um —

Stürzt sich erschöpft und athemlos auf Holzhausen.

Holzhausen führt sie zum Kanapee. Erholen Sie Sich, liebe Jette!

Sie setzt sich.

Schönemann. Ungeduld thut niemahls gut.

Jette noch schwach. Man sagt, er hätte noch einen Fremden bey sich.

Schönemann. Man sagts.

Jette. Haben Sie niemanden begegnet?

Schönemann. Niemanden Fremdes.

Jette. Staat soll er eben nicht machen.

Schönemann. Je reicher der Kautz, je ärger der Filz, heiſst das Sprichwort.

Jette. Sein Reichthum ist mein geringster Kummer. Wenn er nur der zärtliche Vater ist, den ich in ihm erwarte!

Schönemann. Hoffnung lügt, Erwartung trügt.

Jette. Wie seltsam stellen Sie Sich an, Herr Schönemann! Was wollen Sie mit Ihren Weidesprüchen sagen?

Schönemann. Um Vergebung — an schwülen Tagen, wie heute, befleifsige ich mich gern der Kürze.

Jette. Und Holzhausen ist gar stumm!

Holzhausen bedenklich. Ach, Jettchen, ich besorge —

Jette mit Lebhaftigkeit aufstehend. Doch kein neues Hindernifs unsrer Verbindung?

Schönemann. Jeder Vater hat seine Grillen.

Jette. Sollte der meinige — —?

Schönemann einfallend. Leute seiner Art verbinden sich sonst nur mit ihres Gleichen.

Jette. Mit ihres Gleichen? Läfst sich hier eine Ungleichheit denken? Wenn mein Vater Geld hat, so hat Holzhausen Verdienste! Darf er sich eines solchen Schwiegersohnes schämen? — O Herr Schönemann, wenn Sie ihn eher sehen, als ich, so bereiten Sie ihn ja darauf vor, dafs ich ohne Holzhausen nicht leben kann!

Schönemann. Nur gelassen! Kommt Zeit, kommt Rath.

Jette ungeduldig. Herr Schönemann! Sie sind unleidlich mit Ihrem kalten Blut.

Schönemann. Ich wünschte, daſs ich dir etwas davon geben könnte.

Jette. Ich danke für das traurige Geschenk.

Schönemann. Du könntest es brauchen, ich versichere dich.

Holzhausen. Ja, liebes Jettchen! — Sie haben Fassung nöthig.

Jette gespannt. Was sagen Sie?

Holzhausen. Ihr Vater —

Jette. Hat er ein Unglück genommen?

Holzhausen. Er ist ein — Kaufmann —

Jette. Und bankerott? nicht wahr?

Holzhausen. Nein! — Aber — er ist —

Jette mit steigender Unruhe. Was ist er? was?

Holzhausen. Die Leute sagen — er wäre — ein halber —

Schönemann einfallend. Ein halber? — Sie machens auch gar zu zierlich. — Nein, nein! Er ist ein ganzer — Er ist so sehr Jude, als einer im heiligen Römischen Reich.

Jette bald den einen bald den andern anstarrend. Ich verstehe Sie nicht.

Schönemann. Liebes Kind, du willst uns nicht verstehen! Weiſst du nicht, was ein Jude ist? — Mit Einem Worte: dein Vater ist ein Jude, ein leibhaftiger, ein Jude im buchstäblichsten Sinne des Wortes.

Jette. Ein Jude!

Sinkt betäubt auf das Kanapee.

Holzhausen erschrocken. Bestes Jettchen!

Schönemann sein Riechfläschchen suchend. Da! da! halten Sie ihr etwas zu riechen vor!

Holzhausen ihr beystehend. Sie wird schwach.

Schönemann ängstlich. Jettchen besinne dich! Bedenke, wo du bist! Ums Himmels willen, keine veritable Ohnmacht! Sich überall umsehend. In fünf Minuten hätten wir ein Heer Gassenjungen um uns herum, und würden sammt und sonders zu Spott und Gelächter.

Jette sich erholend. Ich armes Mädchen!

Holzhausen sie im Arme haltend. Bin ich weniger zu beklagen, als du?

Jette zu Holzhausen. Wir müssen uns trennen.

Holzhausen. Ich werde dich ewig lieben.

Jette in Verzweiflung. Nein! leben Sie wohl! Machen Sie eine andere glücklich! Überlassen Sie mich der Verzweiflung!

Schönemann zu Holzhausen phlegmatisch. Um Vergebung! Mein Riechfläschchen bitt' ich mir wieder aus. Zu Jetten. Tröste dich, Jettchen! Es giebt unter allen Nationen ehrliche Leute. Ein reicher Jude ist mir lieber, als ein armer Christ. Du wirst nicht ohne Mann bleiben.

Jette. Elender Trost! Da der Mann meines Herzens für mich verloren ist, entsag' ich jeder andern Verbindung.

Schönemann. Man mufs nichts in der Welt verreden. Die Heirathslust kömmt wie ein Dieb in der Nacht. Vor sich. Ich spür's an mir. Sich umsehend. Potzstern! — Gevatter Adrian mit zwey Fremden! Das sind sie! — Da kannst du die Papasbekanntschaft machen.

Jette. Ach, ich kann seinen Anblick nicht ertragen.

Schnell ab.

ACHTER AUFTRITT.

ADRIAN. REUTER. GUMBRECHT. SCHÖNEMANN. HOLZHAUSEN.

Adrian ruft ihr nach. Jette! Jette! — Sie hört nicht. Sie lauft, als ob sie gejagt würde! Was fehlt ihr? Sie ist doch sonst nicht leutescheu.

Schonemann mit einem bedenklichen Blick auf Gumbrecht. Daran sind die fremden Herren Schuld. Eine Physionomie fällt manchmahl mehr auf, als die andere.

Reuter. Sie wird sich doch nicht vor ihrem Vater scheuen? oder weiſs sie vielleicht noch nicht —

Schönemann einfallend. Ja, ja, sie weiſs alles. Man muſs ihr Zeit lassen, sich zu erholen. Die Erscheinung hat sie zu sehr überrascht.

Zu Gumbrecht.

Mache der Herr darum nur kein so saures Gesicht!

Gumbrecht. Mey, ich kann mein Gesicht nicht anders machen thun, als mirs machen thät der liebe Gott. Wenns dem Herrn fatal ist, guck' Er weg, will Er?

Schönemann. Ey, ich will nur so viel sagen, daſs die gute Jette zu entschuldigen ist.

Adrian verdrieſslich. Sie hätte gar nichts erfahren sollen. Wenn ich die Klatsche wüſste, die's verrathen hat — ich wollt' ihr den Wind abschneiden.

Holzhausen. Verzeihen Sie, Herr Adrian! Sie wäre vor Schrecken des Todes gewesen.

Adrian verwundert. Wie?

Schönemann. Wir habens ihr so behutsam hinterbracht, als möglich. Und doch war sie der Ohnmacht nahe.

Reuter. Ich hör' es ungern, daſs sie so empfindsam ist.

Schönemann immer lebhafter. Um Vergebung! dazu gehört fürwahr nicht viel Empfindsamkeit. Nehmen Sie nur alle Umstände zusammen!

Reuter. Wenn sich ein Mädchen über die Ankunft eines Vaters so geberdet, was will sie bey einem Bräutigam thun?

Holzhausen lebhaft. O, sie will nie heirathen. Sie hats schon erklärt.

Reuter verwundert. Wie?

Adrian noch mehr verwundert. Wie?

Schönemann spöttisch. Das Äufserliche des Herrn Papa hat ihr den Appetit verdorben.

Reuter empfindlich. Mein Herr, bey Leuten von unsern Jahren sieht man nicht aufs Äufserliche.

Schönemann einlenkend. O, ich zweifle gar nicht, dafs ers innerlich hat.

Zu Holzhausen halb laut.

Da bin ich schön angekommen.

Zu Reutern.

Sie sind vermuthlich Glaubensgenossen?

Adrian. Herr Schönemann, ich horche wie ein Narr. Haben Sie zu tief ins Glas geguckt?

Reuter verwundert. Glaubensgenossen?

Schönemann. Ich meine, weil Sie Sich des Herrn so eifrig annehmen.

Adrian. Von wem sprechen Sie denn?

Schönemann auf Gumbrecht zeigend. Ih, von dem ehrlichen Manne dort!

Gumbrecht. Mey! was will der Herr von mir! Ich bin Ihm nichts schuldig.

Schönemann. Ist denn der Herr nicht der Papa?

Gumbrecht. Papa? O, wey mir! Wie thät ich kommen zum Kinde? Gott erbarm's!

Schönemann. Frau Tine hat uns doch versichert —

Gumbrecht einfallend. Ich kenn' sie nicht! Wer? Frau Tine?

Reuter lebhaft. Jetzt geht mir ein Licht auf! Ich bin vielleicht selbst an dem Mifsverständnisse Schuld — Ich bin hier einer Schwätzerin in die Hände gerathen, die —

Adrian lachend. Herr Gevatter, was machen Sie für Zwirn? — Das ist ja Herr Reuter!

Schönemann und Holzhausen. Und kein Jude?

Reuter lachend. Nichts weniger! Wenn das Jettens Kummer ist — so —

Holzhausen freudig. Ich mufs es ihr selbst ankündigen. O, das glückliche Mifsverständnifs!

ab.

Reuter. Wer ist denn der junge Mensch, der so warmen Antheil nimmt —?

Adrian einfallend. Eben der Segler, der Jettens Herz geentert hat.

Schönemann der indessen seine Verlegenheit geäufsert hat. Herr Reuter, ich bin ganz betreten —

Reuter lächelnd. Keine Entschuldigung! In unsern Jahren läfst man sich leicht eine Nase drehen.

Adrian lachend. Steck' Er das ein, Herr Gevatter!

Schönemann verdriefslich, vor sich. In unsern Jahren? Der Mann denkt, ich wäre so alt und abgenutzt, als er.

Geht schmollend auf die andere Seite.

NEUNTER AUFTRITT.

TINE. REGINE. GUMBRECHT. REUTER. SCHÖNEMANN. ADRIAN.

Die Weiber haben sich nach Holzhausens Abgang herbey geschlichen und auf Gumbrechts Seite gezogen.

Tine stöfst Gumbrecht an. Na, hat der Herr die Jungfer Tochter gesehen?

Regine. Ist denn die Herrlichkeit recht grofs gewesen?

Gumbrecht. Mey! gehts schon wieder los? Ich hab' das Vexiren satt.

Zu Reutern.

Herr Reuter mufs mirs gut thun, will Er?

Regine. Es ist doch kein Schelmstück, dem Herrn Papa zu gratuliren.

Reuter hat indessen mit Adrian heimlich gesprochen.

Adrian. Wollt ihr schweigen, ihr —

Engeln die indessen Gumbrecht betrachtet hat. Ein Trost für Jettchen, dafs sie keine Ader von ihm hat!

Tine. Man mufs sie erst neben einander sehen.

Regine. Ja, ja, ums Kinn herum sieht sie ihm wohl ähnlich.

Tine. Und die jüdischen Augenbraunen hat sie auch.

ZEHNTER AUFTRITT.

OLZHAUSEN. JETTE. VORIGE.

Holzhausen Jetten führend. Kommen Sie ohne Furcht! Umarmen Sie Ihren lieben Vater!

Jette schüchtern. Welcher von beyden ist es denn?

Reuter ihr mit offnen Armen entgegen gehend. Du gutes Kind! Hat man dir so bange gemacht?

Umarmt sie.

Jette sich an ihn schmiegend. O, mein Vater! Halten Sie es meiner Einfalt zu Gute!

Reuter. Wie liebenswürdig sie ist!

Reicht Adrian die Hand.

Ehrlicher Adrian, wie kann ich deine Freundschaft vergelten?

Adrian mit einer Hand die seinige drückend, den andern Arm um Jetten schlingend. Dadurch, daſs du sie so lieb hast, als ich.

Jette von beyden umschlungen zu Adrian. Mein zweyter Vater!

Tine. Nu? wie viel Väter hat denn die? Da stehen ihrer gleich drey auf einem Klumpen!

Jette sich nach ihr umdrehend. Ach! Sieh da die liebreichen Seelen, die mich für ein Judenmädchen ausgeschrieen haben!

Tine. Was kann ich denn dafür, daſs der Herr auf Reutern zeigend dort so hinterm Berg hält? Hätt' er mirs nicht gleich sagen können, daſs Er der Papa wäre? Ich hab' ihn ja gefragt genug.

Reuter zu Jetten. Sie hat Recht. Ich habe sie selbst irre gemacht.

Tine. Da hört ihrs! — So kommen die Nachrichten in die Welt.

Schönemann spöttisch. Durch Stadtposaunen, die alles aufschnappen —

Tine eben so. Und durch alte Perücken, die alles glauben.

Reuter zu Tinen. Aber die Verleumdungen gegen meine Tochter, die ihr mir —

Tine einfallend. O, stille, gnädiger Herr! Fangen Sie nicht eine neue Klätscherey an! Wenn ein hübsches Mädchen freyt, wird sie bekrittelt und betittelt, das ist nun einmahl nicht anders.

Regine heuchlerisch. Mir wirst dus doch nicht nachtragen, Jettchen? Ich bin bey der ganzen Pastete aufser Schuld. Komm, gieb mir deine Hand! Wir bleiben gute Freundinnen und Muhmen wie zuvor.

Jette. Ich bin eure Muhme nicht mehr, und eure Freundschaft mufs ich mir verbitten. Ich werde mich künftig vor eures Gleichen wahren.

Schönemann. Da wirst du dich auf einen kleinen Zirkel einschränken müssen.

Tine spöttisch. Element, Regine!. Wenn das Mamsellchen nicht mehr unsre Muhme ist, werden wir ein rechtes Spittelleben führen.

Regine. Ja, wenn wir sonst keine Bekanntschaft hätten! Ich bin bey Personen angeschrieben, wo das Mamsellchen keinen Fufs hinsetzen darf. Im Abgehen. Mit der Nachricht kann ich mich wieder bey der Frau Doktorin einthun.

Ab ins Haus der Doktorin.

Tine im Abgehen. Element, über das neugebackene Mamsellchen! ab.

Engeln. Werfen Sie mich mit den bösen Sieben nicht in Eine Verdammnifs, Mamsell Jettchen! Ich habe gewifs und wahrhaftig ein gutes

Gemüth. Ich habe Sie wegen Ihres vermeinten Unglücks eben so herzlich beklagt, als ich Ihnen jetzt Ihr Glück gönne.

Schönemann *vor sich.* Das Engelchen gefällt mir immer besser.

Tine *eilig wieder kommend zu Reutern.* Ohne Groll, gnädiger Herr! Wollen Sie noch auf den Frack handeln? Ich will nach Hause gehn und ihn holen. Er käm' Ihnen ja just zu passe, zum Verlöbniſs!

Eilig wieder ab.

Gumbrecht. Mey! die läſst sich nicht abschrecken.

Adrian. Was fehlt unserm Holzhausen? Er sieht ja so verstört aus, als ein abgetakeltes Schiff.

Holzhausen. Können Sie fragen? Herr Reuter weiſs noch nicht einmahl, wer ich bin!

Adrian. Jettens Augen sind doch ein unträglicher Kompaſs.

Reuter. Ich bin von Allem unterrichtet.

Holzhausen *zu Reutern, bittend.* Ihre Einwilligung, bester Vater!

Reuter Jettens Hand in die seinige legend. Von ganzem Herzen.

Indem er Jetten umarmt.

Ich habe dich kaum wieder gefunden, und sollte mich deinen Wünschen widersetzen?

Jette. O, Sie sind über alle Erwartung gut!

Schönemann etwas verlegen. Höre Jettchen! — bey so veränderten Umständen fragst du wohl nichts nach meinem Bifschen Erbschaft?

Jette schnell. Ich verstehe Sie, Herr Schönemann. Erlauben Sie mir, Ihr edles Anerbieten für die That anzunehmen!

Schönemann. Ohne Komplimente! Ich mufs sehen, wo ichs sonst anbringe. Geht zur Engeln. Jungfer Engeln, hätten Sie etwan Lust dazu? Aber freylich gehör' ich mit zum Inventarium.

Engeln. Ach Herr Schönemann — Sie sind ein ganzer Spafsvogel — Sie mögen auch übrigens ein braver Mann seyn — aber — seufzend freylich sind Sie kein Herr Holzhausen.

Schönemann. Ein Sperling in der Hand ist doch besser, als ein Zeisig auf dem Dache. Greifen Sie zu!

Nimmt ihre Hand.

Adrian. Brav, alter Kaper! Da hat Er eine gute Prise gemacht! Glückliche Fahrt!

Schönemann. Man muſs alles in der Welt probiren.

EILFTER AUFTRITT.

DOKTORIN. LUISE. JETTE. HOLZHAUSEN. REUTER. ADRIAN. GUMBRECHT. SCHÖNEMANN. ENGELN.

Doktorin im Kommen. *Est - il possible?* Welch ein glückliches *Dénouement!* Gratulire, *ma chere* Jettchen, *mon cher* Holzhausen, gratulire von Herzen.

Luise. Ich mein's auch so, *Monsieur et Mademoiselle.*

Jette und Holzhausen danken durch tiefe Verbeugungen.

Doktorin zu Jetten. Präsentiren Sie mir doch den Herrn Papa!

Jette zu ihrem Vater. Die Frau Doktorin Griffel.

Doktorin. Eine grofse Beschützerin, wenn ich so sagen darf, von dem jungen Herrn *en question.* Ich und sein Herr Vater sind von vielen Jahren her liirt.

Reuter. Viel Ehre —

Doktorin zu Reutern. Ihnen gratulire ich eben so sehr zum Schwiegersohn, als zur Tochter. Es ist immer eine grofse *Consolation*, beydes zugleich zu finden; und für Herrn Holzhausen kann ich repondiren. — Ich dächte, Sie thäten mir alle zusammen die Ehre, Sich ein Butterbrod bey mir gefallen zu lassen.

Adrian. Erlauben Sie, hochzuehrende Frau Doktorin! Die Ehre lafs' ich mir heute nicht nehmen!

Doktorin Luisen präsentirend. Mamsell Luise, meine Niece.

Reuter. Ergebener Diener, Mamsell.

Luise verneigt sich leicht.

Doktorin ihr zuflusternd. Ein reicher Kaufmann und ein Witwer.

Luise sich tiefer, als das erste Mahl verneigend, zu Reutern. Eine sehr interessante *Connoissance!*

Schönemann. Um Vergebung, hochzuverehrende Frau Doktorin; es giebt noch mehr zu gratuliren. Hier steht auch ein Pärchen!

Indem er auf sich und die Engeln zeigt.

Doktorin erstaunt. Ich will nicht hoffen —

Schönemann. Nu, worüber wundern Sie Sich denn? Über den Bräutigam, oder über die Braut?

Doktorin mit einer leichten Verbeugung. *Entre nous*, über beyde!

Gumbrecht zu Schönemann. Mit Permission! Kann ich dem Herrn mit Brillen dienen?

Schönemann auffahrend. Einem Bräutigam? Willst du gehen?

Gumbrecht. Mey! nur zur Stärkung, zur Conservation. Ein Bräutigam kanns brauchen, mein' ich.

ENDE.

FSC
www.fsc.org
MIX
Papier | Fördert gute Waldnutzung
FSC® C083411

Kolibri 360 GmbH
Ferdinand-Jühlke-Straße 7
99095 Erfurt, Deutschland
produktsicherheit@kolibri360.de